인생과 함께하는

KB139526

신나는
과학
방탈출

이 책을 펴내며…

방탈출이란 도서명을 보고 많은 분이 '재미있겠다'라는
반응을 보입니다. 그러나 미션 문제들을 보면
'이게 방탈출이야? 내가 알고 있는 방탈출과는
좀 다른데….'라는 반응을 보입니다. 그런 생각도 잠시,
나도 모르게 미션 제목과 함께 미션 지문을 읽으며
'답이 몇 번일까?'라는 추리 본능에 사로잡혀 어느 순간
문제를 풀고 힌트를 보며 내가 선택한 답이 맞는지
확인하는 모습을 볼 수 있습니다.
이 방탈출 도서는 방을 탈출하기 위해 미션을
해결하고 싶은 사람들의 추리 욕구를 해소할 수 있습니다.
화려한 디자인으로 방을 꾸미는 것보다 흥미로운 미션 문제에 초점을 두었습니다.
방탈출 미션 문제들은 영재교육원을 준비하는 학생들을 위해
영재교육원에서 자주 출제되는 창의적 문제해결력 검사,
융합사고력 문제 유형으로 구성했습니다.
미션을 해결하다 보면
추리탐구력, 융합사고력, 창의적 문제해결력이 길러지고
자연스럽게 영재교육원 대비가 될 수 있습니다.
뇌섹남, 뇌섹녀를 위한 방탈출 추리 미션 도서로
많은 분이 방탈출 미션을 재미있고
신나게 해결하시길 바랍니다.

Mission **01** 안쌤과 함께하는 **신나는 과학** 밤말출

자동차가 녹은 이유

강을 따라 멋지고 높은 건물이 우뚝 솟아있는 영국 런던 시내.
뜨거운 여름 한낮, 한 고층 건물 주변에 세워 둔 자동차의 페인트와 계기판, 패널 등
플라스틱 재료가 녹아내리는 사건이 발생했습니다. 자동차뿐만 아니라 근처에 있던
자전거 안장이 녹기도 했고 카펫에 불이 나기도 했습니다.

6 신나는 과학 밤말출

도입

미션 배경을
설명합니다.

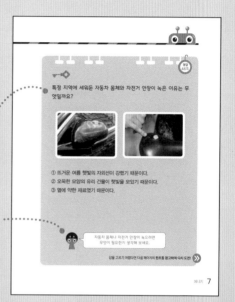

특정 지역에 세워둔 자동차 몸체와 자전거 안장이 녹은 이유는 무
엇일까요?

① 뜨거운 여름 햇빛의 자외선이 강했기 때문이다.
② 오목한 모양의 유리 건물이 햇빛을 모았기 때문이다.
③ 열에 약한 재료였기 때문이다.

자동차 몸체나 자전거 안장이 녹으려면
무엇이 필요한지 생각해 보세요.

답을 고르기 어렵다면 다음 페이지의 힌트를 참고하여 다시 도전 ❯❯

06~17 7

문제

미션 문제를
제시합니다.

말풍선

미션 해결의
실마리를
제공합니다.

Hint 1

이 건물은 위쪽으로 올라갈수록 넓어지고 오목하게 안쪽으로 들어간 모양이며
건물 전면에 빈틈없이 반사 유리가 붙어 있습니다. 오목한 곡면으로 지어진 건물
의 반사 유리는 오목 거울처럼 작용하여 햇빛을 한 점으로 모읍니다. 이 건물은
일반 건물보다 약 6배 정도 햇빛을 집중시키므로 햇빛이 강하면 햇빛이 모인 지
점의 온도가 92.6 ℃로 매우 높아져 달걀프라이를 할 수 있을 정도입니다. 이 뜨
거운 열이 건물 주변에 세워둔 자동차 몸체와 자전거 안장을 녹이고 카펫에 불
을 붙이기도 했습니다. 이 건물로 인한 더 큰 손해를 방지하기 위해 건물 외벽에
태양광 보호막을 덧씌웠습니다.

햇빛

오목한 유리 면이
햇빛을 모은다.

햇빛이 모인 지점은 매우 뜨겁다.

8 신나는 과학 밤말출

Hint

미션에 관련된
개념이나 원리를
설명하여 답을
찾을 수 있도록
구성하였습니다.

Hint 2

거울은 빛을 반사합니다. 빛이 반사되는 면이 평평한 평면거울은 빛을 평행
하게 반사합니다.

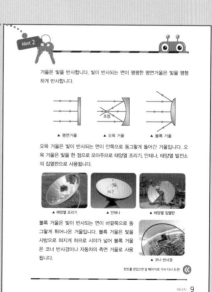

▲ 평면거울 　　　▲ 오목 거울 　　　▲ 볼록 거울

오목 거울은 빛이 반사되는 면이 안쪽으로 동그랗게 들어간 거울입니다. 오
목 거울은 빛을 한 점으로 모아주므로 태양열 조리기, 안테나, 태양열 발전소
의 집열판으로 사용됩니다.

▲ 태양열 조리기 　　　▲ 안테나 　　　▲ 태양열 집열판

볼록 거울은 빛이 반사되는 면이 바깥쪽으로 동
그랗게 튀어나온 거울입니다. 볼록 거울은 빛을
사방으로 퍼지게 하므로 시야가 넓어 볼록 거울
은 코너 반사경이나 자동차의 측면 거울로 사용
됩니다.

▲ 코너 반사경

힌트를 얻었으면 앞 페이지로 가서 다시 도전 ❮❮

06~1X 9

Welcome!

에너지

01 자동차가 녹은 이유

02 쓰레기 더미에서 저절로 불이 난 이유

03 우주인은 천하장사

04 국제우주정거장은 무중력 상태

05 전자레인지로 데운 밥이 차가운 이유

06 번개가 칠 때 더 안전한 곳

07 수평을 이룬 양팔 저울을 물속에 넣으면?

08 초고층 빌딩에 있는 구멍의 역할

09 노래하는 도로

10 패딩이 따뜻한 이유

ENTER THE ESCAPE ROOM

Mission
01

자동차가 녹은 이유

강을 따라 멋지고 높은 건물이 우뚝 솟아있는 영국 런던 시내.
뜨거운 여름 한낮, 한 고층 건물 주변에 세워 둔 자동차의 페인트와 계기판, 패널 등
플라스틱 재료가 녹아내리는 사건이 발생했습니다. 자동차뿐만 아니라 근처에 있던
자전거 안장이 녹기도 했고 카펫에 불이 나기도 했습니다.

정답 46쪽

특정 지역에 세워둔 자동차 몸체와 자전거 안장이 녹은 이유는 무엇일까요?

① 뜨거운 여름 햇빛의 자외선이 강했기 때문이다.

② 오목한 모양의 유리 건물이 햇빛을 모았기 때문이다.

③ 열에 약한 재료였기 때문이다.

자동차 몸체나 자전거 안장이 녹으려면 무엇이 필요한지 생각해 보세요.

답을 고르기 어렵다면 다음 페이지의 **힌트**를 **참고하여 다시 도전!**

이 건물은 위쪽으로 올라갈수록 넓어지고 오목하게 안쪽으로 들어간 모양이며 건물 전면에 빈틈없이 반사 유리가 붙어 있습니다. 오목한 곡면으로 지어진 건물의 반사 유리는 오목 거울처럼 작용하여 햇빛을 한 점으로 모읍니다. 이 건물은 일반 건물보다 약 6배 정도 햇빛을 집중시키므로 햇빛이 강하면 햇빛이 모인 지점의 온도가 92.6 ℃로 매우 높아져 달걀프라이를 할 수 있을 정도입니다. 이 뜨거운 열이 건물 주변에 세워둔 자동차 몸체와 자전거 안장을 녹이고 카펫에 불을 붙이기도 했습니다. 이 건물로 인한 더 큰 손해를 방지하기 위해 건물 외벽에 태양광 보호막을 덧씌웠습니다.

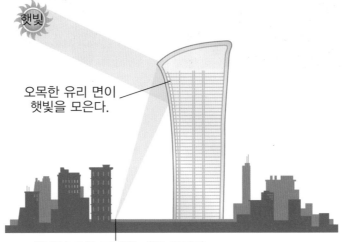

오목한 유리 면이 햇빛을 모은다.

햇빛이 모인 지점은 매우 뜨겁다.

햇빛이 모인 지점

거울은 빛을 반사합니다. 빛이 반사되는 면이 평평한 평면거울은 빛을 평행하게 반사합니다.

▲ 평면거울　　　　　▲ 오목 거울　　　　　▲ 볼록 거울

오목 거울은 빛이 반사되는 면이 안쪽으로 동그랗게 들어간 거울입니다. 오목 거울은 빛을 한 점으로 모아주므로 태양열 조리기, 안테나, 태양열 발전소의 집열판으로 사용됩니다.

▲ 태양열 조리기

▲ 안테나

▲ 태양열 집열판

볼록 거울은 빛이 반사되는 면이 바깥쪽으로 동그랗게 튀어나온 거울입니다. 볼록 거울은 빛을 사방으로 퍼지게 하므로 시야가 넓어 볼록 거울은 코너 반사경이나 자동차의 측면 거울로 사용됩니다.

▲ 코너 반사경

힌트를 얻었으면 앞 페이지로 가서 다시 도전!

쓰레기 더미에서 저절로 불이 난 이유

건조한 봄철 주말 한낮, 아무도 없는 공장에서 불이 났습니다. 누군가가 불을 지른 것도 아니고 전기 합선[※]이 된 것도 아니었습니다. 공장 주변에는 종이컵, 종이 상자, 먹다 남은 생수병, 각종 비닐봉지 등이 섞인 쓰레기 더미가 낙엽과 함께 섞여 있었을 뿐이었습니다. 조사 결과 이 화재는 자연 발화에 의한 것이었습니다.

※ 합선 전기 회로가 손상되어 두 부분이 접촉되는 현상이다. 접촉되는 부분에 많은 전기가 흐르면 열이 발생하여 화재나 폭발이 일어나기도 한다.

정답
46쪽

아무도 없는 쓰레기 더미에서 저절로 불이 난 이유는 무엇일까요?

① 물이 든 둥근 생수병이 햇빛을 모았기 때문이다.

② 비닐봉지가 썩으면서 열이 발생했기 때문이다.

③ 낙엽이 서로 부딪치면서 마찰열이 발생했기 때문이다.

 공장 주변의 쓰레기 더미 중에서 한낮에 많은 열을
발생시킬 수 있는 것이 무엇인지 생각해 보세요.

답을 고르기 어렵다면 다음 페이지의 **힌트**를 **참고하여 다시 도전!**

가운데 부분이 가장자리 부분보다 두꺼운 렌즈를 볼록 렌즈라고 합니다. 볼록 렌즈는 빛을 굴절시켜 한 점으로 모읍니다.

▲ 볼록 렌즈

가장자리 부분이 가운데 부분보다 두꺼운 렌즈를 오목 렌즈라고 합니다. 오목 렌즈는 빛을 굴절시켜 퍼지게 합니다.

▲ 오목 렌즈

볼록 렌즈의 한쪽 면이 햇빛을 향하게 한 후 볼록 렌즈와 종이 사이의 거리를 조절하여 햇빛이 좁은 넓이에 모이도록 합니다. 볼록 렌즈에 의해 햇빛이 한 점으로 모인 지점(초점)은 아주 밝고 온도가 매우 높습니다. 온도가 계속 높아지면 종이에 불이 붙을 수 있습니다.

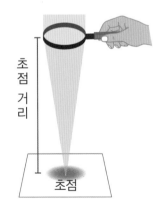

둥근 페트병에 물이 들어 있으면 볼록 렌즈처럼 햇빛을 한 점으로 모을 수 있습니다. 뜨거운 햇빛이 한 점으로 모이는 곳에 종이나 마른 지푸라기처럼 잘 타는 물질이 있으면 물이 담긴 페트병으로도 불을 붙일 수 있습니다.

▲ 페트병의 물로 불 피우기

▲ 둥근 비닐봉지의 물로 불 피우기

투명한 물이 담긴 둥근 페트병뿐만 아니라 유리병, 물이 담긴 비닐봉지, 둥글게 깎은 얼음, 오목한 스테인리스 그릇, 오목한 부탄가스 밑면 등도 햇빛을 모으므로 불을 붙일 수 있습니다.

▲ 둥글게 깎은 얼음으로 불 피우기

▲ 부탄가스 밑면으로 불 피우기

힌트를 얻었으면 앞 페이지로 가서 다시 도전!

우주인은 천하장사

1969년 7월 21일 오후 2시 56분 15초, 아폴로 11호의 달 착륙선에서 나온 두 명의 우주인은 달 표면에 역사적인 발자국을 남겼습니다. 달은 물과 공기가 없고 온도가 낮아 사람이 살 수 없는 환경입니다. 따라서 산소 공급 장치, 체온 조절 장치 등 각종 생명 유지 장치가 장착된 우주복을 입어야 합니다. 우주복을 제대로 갖춰 입으면 그 무게만 약 120 kg이 넘습니다.

정답 46쪽

우주인이 무거운 우주복을 입고 달에서 자유롭게 움직일 수 있는 이유는 무엇일까요?

① 달에는 중력이 없어서 우주복의 무게가 0이기 때문이다.

② 달의 중력은 지구 중력의 $\frac{1}{6}$ 정도이므로 우주복의 무게가 20 kg 정도로 가벼워지기 때문이다.

③ 우주 비행사는 무거운 무게를 견딜 수 있도록 특수 훈련을 하기 때문이다.

지구와 달의 차이점을 생각해 보세요.

답을 고르기 어렵다면 다음 페이지의 **힌트를 참고하여 다시 도전!**

질량은 물체를 이루는 물질의 양입니다. 질량은 양팔 저울이나 윗접시 저울로 측정하고, g이나 kg 단위를 사용하여 나타냅니다. 물체의 무게는 지구가 물체를 끌어당기는 힘의 크기, 즉 중력의 크기입니다. 무게는 용수철 저울로 측정하고, N(뉴턴) 단위를 사용하여 나타냅니다. 지구의 같은 장소에서 무게와 질량을 재면 크기가 같기 때문에 구분하지 않고 사용합니다. 지구에서 질량이 1 kg인 물체의 무게는 약 10 N입니다.

▲ 지구에서 볼링공의 질량=6 kg

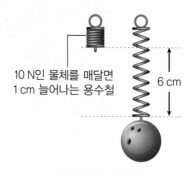

10 N인 물체를 매달면 1 cm 늘어나는 용수철

6 cm

▲ 지구에서 볼링공의 무게=60 N

달이나 우주에서처럼 중력의 크기가 변하면 물체의 무게가 줄어들기도 하고 늘어나기도 합니다. 지구에서 60 N인 볼링공의 무게는 달에서는 10 N이 되고, 우주에서는 0 N이 되며, 목성에서는 150 N이 됩니다.

만약 달, 우주, 목성에서 똑같은 용수철에 똑같은 물체를 매달아 용수철이 늘어나는 길이를 측정한다면 달에서는 중력이 지구 중력의 $\frac{1}{6}$이므로 용수철이 지구의 $\frac{1}{6}$만큼만 늘어나고, 우주에서는 중력이 작용하지 않으므로 용수철이 늘어나지 않습니다. 또한, 목성에서는 중력이 지구의 약 2.5배이므로 용수철도 약 2.5배 늘어납니다.

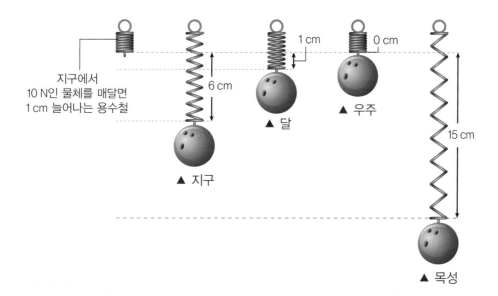

지구에서
10 N인 물체를 매달면
1 cm 늘어나는 용수철

6 cm

▲ 지구

▲ 달

1 cm

0 cm

▲ 우주

15 cm

▲ 목성

볼링공의 질량은 지구, 달, 우주, 목성 어느 곳에서든지 항상 6 kg으로 같습니다. 만약 지구, 달, 목성에서 윗접시 저울로 볼링공의 질량을 측정한다면 6 kg의 추를 사용해야 윗접시 저울이 수평이 됩니다.

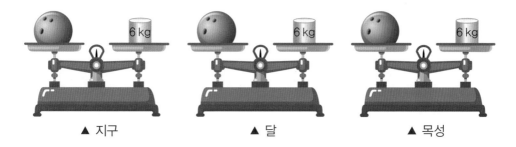

▲ 지구

▲ 달

▲ 목성

우주에서는 중력이 작용하지 않기 때문에 물체의 질량을 측정할 때 윗접시 저울을 사용할 수 없습니다. 대신 물체를 회전시킬 때 생긴 원심력으로 질량을 측정합니다.

힌트를 얻었으면 앞 페이지로 가서 다시 도전!

국제우주정거장은 무중력 상태

국제우주정거장(ISS)은 축구장만 한 크기의 구조물로 중력의 영향을 받지 않는 상태에서 다양한 실험이 진행되고 있습니다. 현재 국제우주정거장은 고도 약 350 km에서 시속 27,740 km의 속도로 90분에 한 바퀴씩, 하루에 약 15.78회씩 지구를 돌고 있습니다. 실제 지구 중력이 절반이 되는 곳은 고도 1,500 km이고, 국제우주정거장이 있는 고도에서는 지구 중력의 약 90 %가 작용합니다.

정답
46쪽

국제우주정거장 안에서 우주인들이 떠다니는 이유는 무엇일까요?

① 국제우주정거장에는 지구 중력을 없애는 특별한 장치가 있기 때문
   이다.

② 국제우주정거장은 지구 주위를 빠르게 돌고 있어 지구 중력이 없어
   지기 때문이다.

③ 국제우주정거장이 지구 주위를 빠르게 돌면서 생긴 원심력이 지구
   중력과 같아서 힘이 작용하지 않기 때문이다.

국제우주정거장이 지구 주위를
빠르게 돌고 있는 이유를 생각해 보세요.

답을 고르기 어렵다면 다음 페이지의 **힌트를 참고하여 다시 도전!**

지표면 위의 모든 물체는 지구가 끌어당기는 힘인 지구 중력을 받습니다. 지구 중력은 고도(높이)가 높아질수록 점점 작아집니다. 국제우주정거장은 매우 빠른 속도로 지구 주위를 돌고 있습니다. 빠른 속도로 회전하는 물체는 바깥쪽으로 끌어당겨지는 듯한 힘인 원심력을 받습니다. 원심력은 회전 속도가 빠를수록 커집니다.

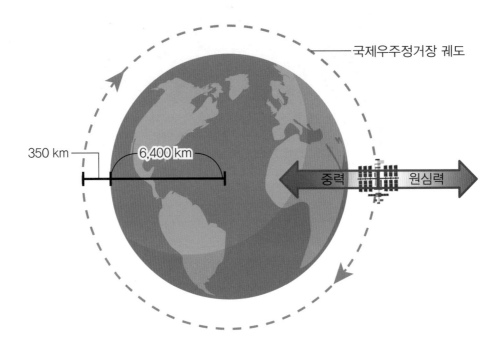

고도 350 km에 있는 국제우주정거장은 지구 중심 방향으로 지구 중력을 받고 있습니다. 그러나 지구 중력의 크기만큼 지구 중심 반대 방향으로 원심력이 작용하기 때문에 실제 받는 힘은 0이 되어 중력을 느끼지 못하는 상태가 됩니다. 이때가 바로 우리가 말하는 무중력 상태 또는 무중량 상태입니다. 무중력 상태는 중력이 없는 것이 아니라 중력을 느끼지 못하는 상태입니다.

만약 국제우주정거장의 회전 속도가 지금보다 느려지거나 고도가 낮아지면 지구 중력의 영향을 받아 지구로 추락하게 될 것입니다.

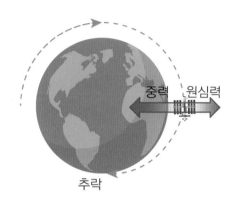

중력   원심력

추락

▲ 회전 속도가 느려지거나 고도가 낮아질 경우

반대로 국제우주정거장의 회전 속도가 지금보다 빨라지거나 고도가 높아지면 지구 주위를 회전하지 않고 우주로 날아가게 될 것입니다.

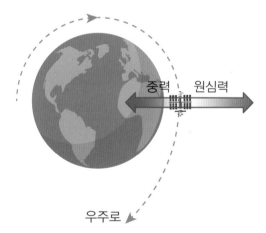

중력   원심력

우주로

▲ 회전 속도가 빨라지거나 고도가 높아질 경우

힌트를 얻었으면 앞 페이지로 가서 다시 도전!

전자레인지로 데운 밥이 차가운 이유

저녁 식사를 마친 후 밥이 조금 남아서 스테인리스 그릇에 넣고 스테인리스 뚜껑을 닫은 후 냉장실에 넣어두었습니다. 다음 날 아침 따뜻한 밥을 먹기 위해 스테인리스 그릇에 담긴 밥을 뚜껑을 덮은 채 전자레인지에 2분 동안 돌렸습니다. 전자레인지는 빛과 같은 전자파[※]로 음식물에 포함된 물을 빠르게 회전시켜 가열합니다. 2분 후 이상하게도 전자레인지에서 꺼낸 밥은 여전히 차가웠습니다.

※ 전자파 공간에서 전기장과 자기장이 주기적으로 변하면서 전달되는 파동으로 전자기파라고도 한다. 파장에 따라 마이크로파, 가시광선, 엑스선, 감마선 등 여러 종류로 나누어지고, 전자레인지는 마이크로파를 이용한다.

정답
46쪽

스테인리스 그릇에 담긴 밥을 전자레인지로 가열했는데 데워지지 않는 이유는 무엇일까요?

① 밥에는 수분이 없기 때문이다.

② 밥은 전자파에 반응하지 않기 때문이다.

③ 스테인리스 그릇은 전자파를 반사시키기 때문이다.

 빛과 같은 전자파의 특징을 생각해 보세요.

답을 고르기 어렵다면 다음 페이지의 **힌트를 참고하여 다시 도전!**

전자레인지는 마그네트론이 만든 전자파로 음식을 데웁니다. 전자파는 유리, 도자기, 플라스틱 등에서는 통과하고, 금속에서는 반사되며, 물에서는 흡수되어 열을 발생시킵니다. 전자레인지 내부는 전자파를 반사하여 음식으로 전달되도록 하기 위해 금속으로 만듭니다. 음식을 스테인리스 그릇에 넣고 전자레인지에 데우면 전자파가 그릇에서 반사되어 음식으로 전달되지 못하므로 음식이 데워지지 않습니다.

▲ 유리 그릇을 사용할 때

▲ 스테인리스 그릇을 사용할 때

또한, 전자파가 금속에 부딪혀 튕겨 나올 때 불꽃이 일어날 수 있습니다. 특히 표면이 균일하지 않은 알루미늄 포일을 전자레인지에 넣고 작동시키면 화재나 폭발 사고의 위험이 있으므로 주의해야 합니다. 알루미늄 포일의 뾰족한 부분에서 전자파에 의해 강한 스파크(불꽃)가 일어날 수 있기 때문입니다.

▲ 알루미늄 포일에서 일어난 스파크

얇은 일회용 종이봉투, 페트(PET) 재질의 플라스틱 용기, 열에 약한 나무 용기, 스타이로폼 그릇, 컵라면 용기 등도 전자레인지에 사용하면 안 됩니다. 전자레인지로 음식을 데울 때는 사용할 수 있는 그릇인지 확인한 후 랩이나 덮개로 완전히 덮지 말고, 뚜껑을 살짝 열어 공기가 통할 수 있도록 해서 사용해야 합니다.

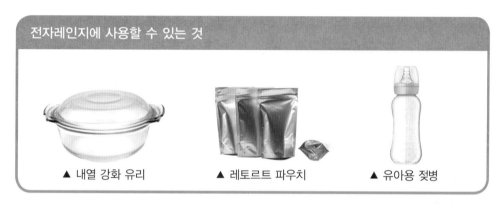

전자레인지에 사용할 수 있는 것

▲ 내열 강화 유리   ▲ 레토르트 파우치   ▲ 유아용 젖병

전자레인지에 사용할 수 없는 것

▲ 스타이로폼 그릇   ▲ 비닐봉지   ▲ 일회용 종이봉투

힌트를 얻었으면 앞 페이지로 가서 다시 도전!

번개가 칠 때 더 안전한 곳

번쩍! 우르르 꽝꽝

시커먼 먹구름 사이로 번쩍하고 순식간에 나타났다가 사라지는 전기 불빛은 번개입니다. 번개는 하늘에서 치는 것이고 땅에 떨어지면 낙뢰(벼락)라고 합니다. 낙뢰는 초속 30,000 km로 땅에 떨어지며 1억 볼트 이상의 전압을 가지고 있습니다. 또한 낙뢰가 지나는 곳의 온도는 약 27,000 ℃이기 때문에 사람이나 사물이 낙뢰를 맞으면 큰 피해를 보게 됩니다.

정답
46쪽

번개가 칠 때 차 안과 차 밖 중 더 안전한 곳은 어디일까요?

① 차 밖, 차는 금속으로 되어 있고 금속은 전기가 잘 흐르므로 차 안에 있으면 낙뢰를 맞았을 때 감전될 확률이 높기 때문이다.

② 차 안, 차는 금속으로 되어 있어서 낙뢰를 맞으면 전기가 차 겉면을 타고 땅속으로 흐르기 때문이다.

자동차 겉면에 전기가 흐른다면
어떻게 될지 생각해 보세요.

답을 고르기 어렵다면 다음 페이지의 **힌트를 참고하여 다시 도전!**

번개는 수만 볼트의 큰 전압 차이 때문에 일어나는 구름 사이의 방전 현상입니다. 소나기구름의 윗부분은 (+)전기를, 아랫부분은 (−)전기를 가진 물방울이 머무릅니다. 구름 아랫부분에 (−)전기가 많아지면 대기가 불안정해져 (+)전기가 많은 곳으로 이동하려고 합니다. 구름의 (−)전기가 (+)전기가 많은 곳으로 이동할 때 생기는 빛에너지가 번개이고, 이중 땅으로 떨어지는 것을 낙뢰라고 합니다.

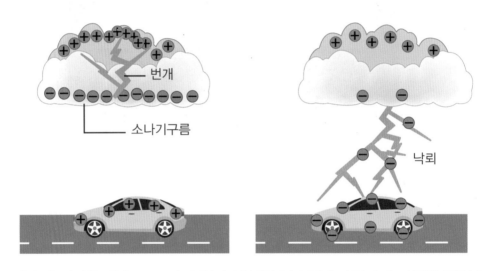

자동차 겉면은 금속으로 되어 있어 낙뢰를 맞으면 (−)전기가 자동차 겉면으로 퍼진 후 타이어를 통해 땅속으로 흐릅니다. 자동차 타이어는 고무로 만들어 전기가 흐르지 않지만 배기통 끝에 땅에 닿을 정도로 연결된(접지) 금속을 통해 전기가 땅속으로 흐를 수 있습니다. 땅에 닿는 금속이 없더라도 땅과 자동차의 거리가 매우 가깝기 때문에 낙뢰의 전기가 땅속으로 흐를 수 있습니다. 따라서 자동차 안은 (−)전기로만 둘러싸여 전압 차이가 없기 때문에 자동차 바깥에 있는 것보다 오히려 안전합니다.

만약 자동차 운전 중에 낙뢰를 맞게 되면 마지막 천둥 번개가 친 후 30분 정도 지난 다음에 비상등을 켜고 갓길에 차를 세워둔 후 기다리는 것이 좋습니다. 이때 자동차 내부의 금속을 만지면 안 됩니다. 자동차 겉면에 퍼진 (−)전기가 금속을 통해 몸으로 흐르면 감전될 위험이 있기 때문입니다. 자동차가 낙뢰를 맞으면 차량의 각종 전자 장치가 오작동을 일으키거나 망가질 확률이 높아지고, 시동이나 제동장치에 문제가 생길 수 있으므로 정비소에서 전체적인 점검을 받아야 합니다.

항공기는 자동차보다 낙뢰에 더 많이 노출됩니다. 이를 대비해서 항공기 표면에는 몇 가지 안전장치가 있습니다. 항공기 표면은 전기가 잘 통하는 소재의 금속으로 덮여 있고, 정전기 방출기가 설치되어 있습니다. 항공기에 낙뢰가 떨어지면 (−)전기가 항공기 표면을 따라 흐르다가 공중으로 흩어집니다. 따라서 항공기에 낙뢰가 떨어져도 항공기뿐만 아니라 안에 있는 승객도 아무런 피해가 없습니다.

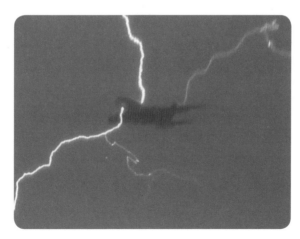

항공기 낙뢰

힌트를 얻었으면 앞 페이지로 가서 다시 도전!

안쌤과 함께하는 **신나는 과학** 방탈출

수평을 이룬 양팔 저울을 물속에 넣으면?

다음과 같이 양팔 저울과 추를 이용해 감자의 무게를 측정했습니다. 먼저 양팔 저울의 수평을 맞춘 후 왼쪽 접시에 감자를 올리고 오른쪽 접시에 100 g 추 1개와 50 g짜리 추를 올렸더니 수평이 되었습니다. 따라서 감자의 무게는 150 g입니다.

50 g

100 g

정답
46쪽

감자와 추가 수평을 이룬 양팔 저울을 그대로 물속에 넣으면 어떻게 될까요?

① 감자의 무게는 150 g이므로 저울은 수평을 이룬다.

② 감자가 추보다 부피가 크기 때문에 부력을 많이 받아 더 많이 가벼워지므로 추 쪽으로 기울어진다.

③ 감자보다 추 위쪽의 물이 더 많기 때문에 추가 수압을 더 많이 받아 추 쪽으로 기울어진다.

물속에 있는 물체가 받는
힘의 종류와 힘의 방향을 생각해 보세요.

답을 고르기 어렵다면 다음 페이지의 **힌트**를 참고하여 **다시 도전!**

물속에 있는 물체는 물이 아래로 누르는 수압과 물이 위로 밀어 올리는 부력을 받습니다.

수압은 물체의 모든 방향으로 작용하고, 물의 깊이가 깊어질수록 커집니다. 다음과 같이 모양이 서로 다른 물병에 같은 양의 물이 담겨 있습니다. 이때 바닥면이 가장 큰 수압을 받는 경우는 물의 깊이가 가장 깊은 A입니다. 수압은 10 m 깊어질 때마다 약 1기압씩 증가합니다.

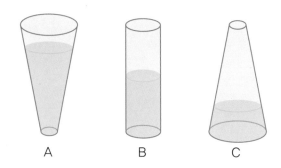

A   B   C

부력은 위쪽으로 작용하고 물에 잠긴 물체의 부피가 클수록 커집니다. 같은 물체라도 물에 잠긴 부분이 커져 물을 많이 밀어낼수록 부력이 커지고, 부력이 커질수록 무게가 가벼워집니다.

▲ 공기 중에서 공의 무게   ▲ 공이 반만 잠겼을 때   ▲ 공이 모두 잠겼을 때

물속에서 물체에 작용하는 부력이 물체의 무게(중력)보다 작으면 물체는 가라앉고, 부력이 물체의 무게(중력)보다 크면 물체는 수면으로 떠오릅니다.

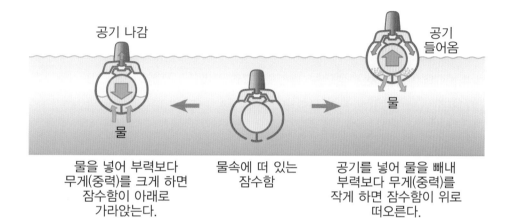

공기 나감

물을 넣어 부력보다 무게(중력)를 크게 하면 잠수함이 아래로 가라앉는다.

물속에 떠 있는 잠수함

공기 들어옴

물

공기를 넣어 물을 빼내 부력보다 무게(중력)를 작게 하면 잠수함이 위로 떠오른다.

물속에 넣은 감자와 추는 물에 잠긴 깊이가 비슷하므로 같은 크기의 수압을 받습니다. 그러나 감자는 추보다 부피가 크므로 물을 많이 밀어내고, 추보다 부력을 많이 받습니다. 따라서 수평을 이룬 양팔 저울을 물속에 넣으면 부피가 작은 추가 있는 쪽으로 기울어집니다.

힌트를 얻었으면 앞 페이지로 가서 다시 도전!

초고층 빌딩에 있는 구멍의 역할

아파트나 우리 주변에서 쉽게 볼 수 있는 고층 빌딩은 대부분 네모반듯하게 생겼습니다. 그러나 전 세계적으로 높은 초고층 빌딩은 건물이 네모반듯하지 않고 꽈배기처럼 꼬여 있거나, 전체적으로 둥글거나, 건물에 구멍이 있습니다.

▲ 알함라 타워
쿠웨이트, 414 m

▲ 와달라 타워
인도, 158 m

▲ 상하이 세계금융센터
중국, 492 m

▲ 스트라타 SE1
런던, 148 m

정답
46쪽

초고층 빌딩에 구멍이 있는 이유는 무엇일까요?

① 빌딩을 특이한 모양으로 디자인하기 위해서이다.

② 빌딩 표면을 따라 아래로 부는 바람을 막기 위해서이다.

③ 위쪽 부분을 가볍게 해야 건물이 안정하기 때문이다.

초고층 빌딩을 건설할 때
고려해야 할 점을 생각해 보세요.

답을 고르기 어렵다면 다음 페이지의 **힌트를 참고하여 다시 도전!**

원래 도시 내부에는 빌딩들이 많아서 마찰에 의해 전체 평균 바람의 세기는 약해지지만, 빌딩 사이의 좁은 지역에서는 강한 바람이 불 수 있습니다. 약 5층 건물 높이인 지상 20 m에서 초속 5 m의 바람이 분다면, 지상 250 m에서는 초속 12 m, 100층 높이인 지상 500 m에서는 태풍급 강풍이 붑니다. 높은 곳에서 빠르게 부는 바람이 고층 빌딩에 부딪혀 아래로 빠르게 내려간 후 소용돌이처럼 위로 솟구치거나 인도나 도로와 같은 좁은 지역에서 빠르게 부는데 이런 바람을 빌딩풍이라 합니다.

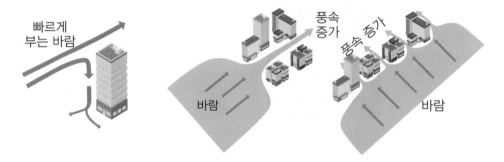

빠르게
부는 바람

풍속
증가

풍속 증가

바람

바람

넓은 공간의 바람이 좁은 공간으로 들어오면 압력이 낮아지고 속도는 빨라집니다. 이것을 베르누이 정리라고 합니다. 빌딩풍은 베르누이 정리로 설명할 수 있습니다. 빌딩풍은 초속 20~30 m의 강한 바람입니다. 초속 17 m 이상의 바람을 태풍이라고 하니 빌딩풍의 위력은 엄청 납니다. 빌딩풍으로 자동차가 뒤집히고 간판이 떨어지기도 하며, 유리창이 깨지고, 고가 사다리차가 쓰러지기도 합니다. 우리나라에서도 높은 빌딩이 많이 모여 있는 서울 소공로, 강남, 여의도 등에서 빌딩풍이 자주 관측됩니다.

▲ 빌딩풍으로 인해
쓰러진 고가 사다리차

빌딩을 건축할 때 빌딩풍의 영향이 크지 않도록 빌딩의 높낮이를 조정하거나, 빌딩 주변에 방풍 펜스와 같이 바람을 막는 구조물을 설치하여 빌딩풍을 약하게 합니다. 빌딩풍은 직사각형보다 완만한 곳에서 더 약해지므로 고층 건물은 모서리를 둥글게 만듭니다. 또한, 빌딩풍을 약하게 하기 위해 건물 중간에 바람구멍을 뚫기도 합니다. 강력한 빌딩풍을 이용하여 터빈을 돌리면 풍력 에너지를 얻을 수 있습니다.

빌딩풍을 이용하여 풍력 에너지를 얻는 사례

▲ 세계무역센터, 바레인

바레인의 세계무역센터는 쌍둥이 빌딩 사이에 거대한 윈드 터빈 3개를 설치하였다. 이 두 개의 빌딩은 터빈에 바람을 모아 주는 역할을 하고, 이 바람을 이용하여 터빈을 돌려 전기 에너지를 만든다.

▲ 스트라타 SE1, 영국

영국의 스트라타 SE1(Strata SE1) 빌딩은 꼭대기에 3개의 구멍을 만들어 대형 윈드 터빈을 설치하였다. 이 건물 전체에서 사용하는 에너지의 8 %를 윈드 터빈이 만든 전기 에너지로 해결한다.

힌트를 얻었으면 앞 페이지로 가서 다시 도전!

노래하는 도로

자동차를 타고 강원도 정선에 있는 하이원 리조트 진입로에서 규정 속도인 시속 40 km로 달리고 있었습니다.

갑자기 '산 위에서 부는 바람~♩ ♫ 서늘한 바람~♫ ♪'

동요 '산바람 강바람' 멜로디가 약 35초 동안 들렸습니다. 라디오가 켜져 있는 것도 아니었는데 누가 낸 노랫소리일까요?

정답
46쪽

자동차를 타고 특정 도로를 달릴 때 노랫소리가 들리는 이유는 무엇일까요?

① 이 구간에 부는 바람이 노랫소리처럼 들리기 때문이다.

② 자동차가 이 구간을 지나가면 도로에 설치된 센서가 작동하여 노래를 들려주기 때문이다.

③ 도로 표면에 일정한 간격의 홈이 있어 자동차가 지나가면 타이어와의 마찰에 의해 소리가 만들어지기 때문이다.

소리가 생기는 이유를 생각해 보세요.

답을 고르기 어렵다면 다음 페이지의 **힌트를 참고하여 다시 도전!**

자동차를 타고 톨게이트 입구, 고속도로, 터널을 달리다 보면 '드르륵~'하는 진동이 느껴지는 구간이 있습니다. 도로 표면에 일정한 간격으로 홈을 만들어 두고, 이 구간을 지날 때 생기는 소음과 진동으로 속도를 늦추거나, 주의를 주거나, 차선에서 벗어난 것을 알려줍니다. 이처럼 도로 포장 표면에 일정한 간격으로 홈을 만드는 것을 럼블 스트립(rumble strip)이라고 합니다. 노래하는 도로는 럼블 스트립을 이용합니다.

▲ 럼블 스트립

소리는 물체가 진동할 때 생깁니다. 1초에 진동하는 횟수(진동수)가 많을수록 높은 소리가 나고, 1초에 진동하는 횟수가 적을수록 낮은 소리가 납니다.

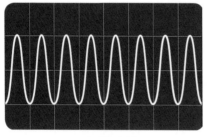
▲ 높은 소리

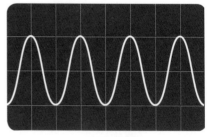
▲ 낮은 소리

노래하는 도로는 달리는 자동차가 럼블 스트립을 지날 때 도로의 홈 사이 간격에서 만들어지는 타이어 마찰음의 진동수 차이로 음의 높낮이를 만듭니다. 예를 들어 시속 40 km의 속도로 달려야 하는 도로에 홈 간격을 4.3 cm로 만들어 1초에 261번 진동하게 하면 '도' 소리가 납니다. 또, 홈 간격을 2.8 cm로 만들어 1초에 392번 진동하게 하면 '솔' 소리가 납니다. 음의 길이는 홈의 개수로 조절할 수 있는데, 홈의 개수가 많아지면 음의 길이가 길어집니다.

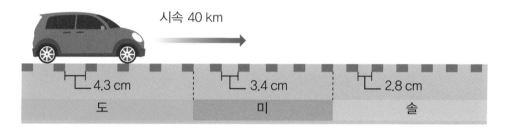

노래하는 도로는 자동차가 지정된 속도로 달릴 때만 정확한 빠르기의 노래를 들을 수 있습니다. 지정된 속도보다 빠르게 달리면 노래가 빨라지고, 느리게 달리면 노래가 느려집니다.

노래하는 도로는 졸음과 실수로 인한 사고를 예방하는 역할을 합니다. 하지만 노랫소리가 귀신 소리처럼 들린다는 인근 주민들의 민원 때문에 우리나라에서는 2010년에 강원도 정선 외의 도로는 모두 폐쇄되었습니다.

힌트를 얻었으면 앞 페이지로 가서 다시 도전!

Mission
10

패딩이 따뜻한 이유

추운 겨울이 되면 패딩이 인기가 많습니다. 패딩은 겉감과 안감 사이에 충전재를 넣어 푹신하게 만든 옷입니다. 충전재로는 거위 털이나 오리털이 주로 사용됩니다. 다운 패딩 한 벌을 만들기 위해서는 살아있는 15~20마리의 거위나 오리에서 솜털과 깃털을 뽑아야 합니다. 최근에는 동물 보호를 위해 합성섬유를 가공하여 솜처럼 만든 인공 충전재를 이용하기도 합니다. 인공 충전재는 가격이 저렴하고 가벼우며 보온 효과도 좋습니다.

정답
46쪽

패딩이 따뜻한 이유는 무엇일까요?

① 거위 털이나 오리털이 서로 부딪치면서 열을 내기 때문이다.

② 거위 털이나 오리털이 열을 오랫동안 간직할 수 있기 때문이다.

③ 거위 털이나 오리털 사이의 공기가 열이 이동하는 것을 막기 때문이다.

 패딩 안에 넣는 충전재의 특징을 생각해 보세요.

답을 고르기 어렵다면 다음 페이지의 **힌트를 참고하여 다시 도전!**

열은 전도, 대류, 복사의 형태로 온도가 높은 곳에서 낮은 곳으로 이동합니다. 전도는 열이 물질을 따라 이동하는 현상으로, 주로 고체 물질에서 일어납니다. 대류는 아래쪽에서 가열된 물질이 위쪽으로 이동하면서 열이 이동하는 현상으로, 주로 액체와 기체에서 일어납니다. 복사는 열이 물질의 도움 없이 직접 이동하는 현상입니다.

패딩은 이 세 가지 열의 이동 방법 중 전도를 막아 따뜻하게 합니다. 패딩 안에 들어 있는 거위 털이나 오리털 등 충전재 때문에 따뜻하다고 생각하기 쉽지만, 사실 보온 역할을 하는 것은 털이 아니라 공기입니다. 거위나 오리 솜털이 서로 얽히면서 빈 공간 사이사이에 공기층이 만들어지고, 이 공기층이 따뜻한 우리 몸의 열이 밖으로 빠져나가는 것을 막습니다. 공기가 열을 잘 전달하지 않는 특징을 이용한 것입니다.

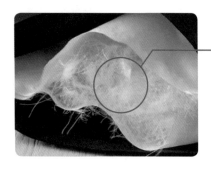

공기층이 열 전달을 막는다.

▲ 깃털

▲ 솜털

패딩의 보온 효과를 크게 하려면 깃털보다 솜털이 많은 것이 좋습니다. 솜털
(다운)은 거위나 오리의 목부터 가슴까지의 털입니다. 눈송이 같은 모양으로
공기를 많이 품고 있기 때문에 보온 효과가 좋습니다. 깃털(페더)은 날개와
다리에서 뽑은 털입니다. 길게 뻗어 있어 공기층이 잘 만들어지지 않아 보온
효과가 낮습니다. 그러나 솜털 100 %로 패딩을 만들면 솜털이 엉켜 공기층
이 잘 만들어지지 않으므로 보온 효과가 떨어집니다. 따라서 솜털에 깃털을
10~20 % 정도 섞어서 만듭니다.

거위·오리 솜털에 도전하는 '4공 중공 섬유'

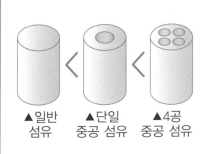

▲일반
섬유

▲단일
중공 섬유

▲4공
중공 섬유

솜털이 공기를 잘 붙잡고 있는 특징을 이용하여 인
공 충전재를 개발하고 있습니다. 대표적인 것은 합
성섬유에 구멍을 낸 '중공(中空)섬유'입니다. 섬
유 안에 구멍을 만들면 보온성과 단열성은 높이고,
무게는 낮출 수 있습니다. 섬유 안에 구멍을 4개
만든 것을 '4중 중공 섬유'라고 합니다. 섬유 안에
구멍이 많아질수록 보온과 단열 효과는 높아지고
무게는 가벼워집니다.

힌트를 얻었으면 앞 페이지로 가서 다시 도전!

Congratulations!
Escape Success!

에너지

정답을 확인하고, 자신이 맞힌 문제에 ○표 하세요.

문제	1	2	3	4	5	6	7	8	9	10
정답	②	①	②	③	③	②	②	②	③	③
○표 하는 곳										

내가 맞힌 문제의 수 : 총 (   ) 개

안쌤의 Solution

◆ 8개 이상 주변 현상의 원인을 분석하는 습관을 기르세요.

◆ 5 ~ 7개 실생활과 관련된 과학 기사로 융합사고력을 기르세요.

◆ 4개 이하 틀린 문제의 힌트로 개념을 다시 확인하세요!

신나는 과학 방탈출

GO TO THE NEXT ROOM

Welcome!

물질

01 노른자만 익은 온천 달걀

02 전자레인지에 데운 달걀이 폭발하는 이유

03 점점 커지는 버블 링

04 밀폐된 공간에서의 화재

05 식용유에 불이 붙었을 때 물을 뿌리면?

06 마시려는 순간 얼어버린 물

07 질소로 만든 아이스크림이 부드러운 이유

08 망고 요구르트 맛이 나는 달걀프라이

09 유리 보호각으로 둘러싸인 국보 2호

10 수국이 다양한 색의 꽃을 피우는 이유

ENTER THE ESCAPE ROOM

노른자만 익은 온천 달걀

일반적으로 달걀의 흰자와 노른자가 모두 익은 달걀은 완숙, 흰자는 익었지만 노른자는 익지 않은 달걀은 반숙이라고 합니다. 아래 달걀은 온천 달걀(온센 타마고)로 흰자는 완전히 익지 않아 흐물흐물하지만, 노른자는 익어서 단단한 동그란 모양입니다. 뜨거운 온천물에서 익히면 달걀을 이렇게 만들 수 있습니다.

정답
90쪽

온천물에 담가두지 않고 흰자는 익지 않고 노른자만 익은 삶은 달걀을 만들 수 있는 방법은 무엇일까요?

① 물에 식초를 넣고 달걀을 삶는다.

② 달걀을 뜨거운 물과 찬물에 번갈아가며 삶는다.

③ 물의 온도를 70 ℃로 일정하게 유지한 채 달걀을 오랫동안 삶는다.

열을 가했을 때 흰자와 노른자 중
먼저 익는 것이 무엇일지 생각해 보세요.

답을 고르기 어렵다면 다음 페이지의 **힌트를 참고하여 다시 도전!**

달걀은 영양을 고루 갖춘 완전식품으로, 달걀의 흰자는 단백질, 노른자는 지방과 단백질로 이루어져 있습니다. 단백질은 열을 받으면 굳는 성질이 있습니다. 단백질이 굳는 것을 응고, 단백질이 굳는 온도를 응고점이라고 합니다. 흰자의 응고점은 80 ℃이고, 노른자의 응고점은 65 ℃입니다.

▲ 달걀을 가열했을 때의 변화

달걀을 물에 넣고 삶으면 물의 온도가 100 ℃에 가깝습니다. 이 온도는 흰자와 노른자가 모두 익을 수 있는 온도입니다. 뜨거운 물의 열은 밖에서 안쪽으로, 껍데기 → 흰자 → 노른자로 전달되므로 바깥쪽의 흰자가 먼저 익고, 안쪽의 노른자가 나중에 익습니다. 또한, 노른자는 밀도가 높아 열을 천천히 전달하므로 흰자보다 더 늦게 익습니다. 달걀이 다 익기 전에 불을 끄면 뜨거운 열이 안쪽까지 많이 전달되지 않으므로 흰자는 익고 노른자는 익지 않은 반숙을 만들 수 있습니다.

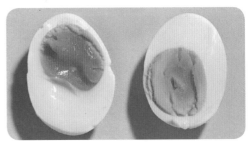

▲ 반숙   ▲ 완숙

물의 온도를 70 ℃로 일정하게 유지한 채 안쪽의 노른자까지 열이 충분히 전달되도록 달걀을 20분 정도 담가 두면 응고점이 낮은 노른자는 익고, 응고점이 높은 흰자는 완전히 익지 않아 흐물흐물한 상태가 됩니다. 물의 온도가 흰자의 응고점보다 낮지만, 오랫동안 열이 계속 전달되어 흰자도 약간 익기 때문입니다.

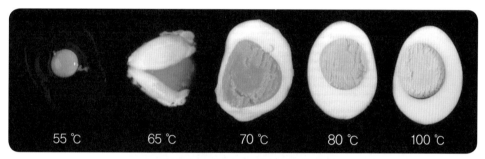

▲ 물의 온도에 따라 달걀이 익는 정도

흰자와 노른자를 따로 분리하여 70 ℃ 물에 중탕으로 열을 가하면 응고점이 낮은 노른자가 먼저 익는 것을 볼 수 있습니다.

▲ 노른자   ▲ 흰자

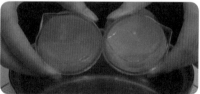

▲ 노른자   ▲ 흰자

달걀

히트를 얻었으면 앞 페이지로 가서 다시 도전!

전자레인지에 데운 달걀이 폭발하는 이유

A 씨는 반숙으로 삶아 둔 달걀이 너무 차가워서 달걀 껍데기를 벗긴 후 전자레인지에 살짝 데웠습니다. 따뜻해진 달걀을 베어 무는 순간 달걀이 폭발하여 얼굴과 입술에 화상을 입고 실명 위기에 이르렀습니다. 전자레인지를 사용하면 편리하지만, 자칫 방심하는 순간 폭탄으로 변할 수 있으므로 주의해야 합니다.

정답
90쪽

전자레인지로 데운 삶은 달걀을 베어 무는 순간 폭발한 이유는 무엇일까요?

① 달걀이 매우 뜨거웠기 때문이다.

② 달걀 안에 갇혀있던 수증기 때문이다.

③ 달걀을 전자레인지에 데우면 폭발 물질이 생기기 때문이다.

반숙으로 삶아 둔 달걀 안에 무엇이
들어 있을지 생각해 보세요.

답을 고르기 어렵다면 다음 페이지의 **힌트**를 참고하여 **다시 도전!**

달걀은 흰자와 노른자로 이루어져 있고, 78 %의 수분(물)을 가지고 있습니다. 반숙으로 삶은 달걀을 전자레인지에 가열하면 달걀 속 수분(물)이 수증기로 바뀝니다. 수증기는 바깥의 고체가 된 흰자 때문에 밖으로 나가지 못하고 달걀 안에 갇히게 되어 내부 압력이 높아집니다.

▲ 반숙 달걀   ▲ 전자레인지에 가열

이 상태에서 달걀을 베어 물면 내부에 갇혀 있던 수증기가 한꺼번에 밖으로 나오면서 달걀이 폭발합니다. 삶은 달걀을 오랫동안 전자레인지로 가열하여 달걀 내부의 수증기 압력이 매우 높아지면 전자레인지 안에서 폭발하기도 합니다.

▲ 전자레인지 안에서 폭발한 달걀

전자레인지를 사용할 때 너무 두꺼운 식품은 중앙 부분까지 전자파가 도달하지 못합니다. 따라서 전자레인지는 요리를 데우거나 해동 등 보조적인 수단으로 사용하는 것이 좋습니다. 또한 삶은 달걀뿐만 아니라, 날달걀이나 밤처럼 껍질이 두껍거나 딱딱한 음식, 밀폐된 음식이나 음료수, 삶은 오징어, 수분이 매우 많은 과일을 통째로 전자레인지에 넣고 가열하면 위험할 수 있습니다. 가열된 내용물 속 수증기 압력이 급속도로 상승하면서 껍질을 찢고 밖으로 나오면서 터질 수 있기 때문입니다. 이런 음식들은 반으로 잘라 수증기가 빠져나갈 수 있도록 한 후 짧은 시간 동안만 전자레인지로 가열하는 것이 좋습니다.

전자레인지에 넣으면 안되는 음식

▲ 달걀

▲밤

▲ 포도

▲ 얼린 과일

▲ 삶은 오징어

▲ 병 음료수

힌트를 얻었으면 앞 페이지로 가서 다시 도전!

점점 커지는 버블 링

숨을 깊이 들이마신 후 물속 깊이 들어가 입을 동그랗게 만들어 공기를 내뿜으니 손바닥보다 작은 버블 링이 만들어졌습니다. 버블 링은 수면으로 올라가면서 점점 크기가 커지고 굵어지다가 수면에서 터져서 사라졌습니다.

정답
90쪽

물속에서 만든 작은 버블링이 수면으로 올라갈수록 점점 커지는 이
유는 무엇인가요?

① 수면으로 올라갈수록 수압이 낮아지기 때문이다.

② 수면으로 올라갈수록 부력이 커지기 때문이다.

③ 수면으로 올라갈수록 주변 공기가 점점 더해지기 때문이다.

 수면과 물속 깊은 곳의 다른 점을 생각해 보세요.

답을 고르기 어렵다면 다음 페이지의 **힌트를 참고하여 다시 도전!**

일상생활에서 우리 몸은 대기압에 해당하는 1기압 정도의 압력을 받고 있습니다. 물속으로 들어가면 물은 공기보다 훨씬 무거우므로 압력이 높아집니다. 물속에서 10 m씩 깊어질 때마다 압력이 1기압씩 커지므로, 20 m 깊이에서는 대기압인 1기압에 수압 2기압을 더한 3기압의 압력을 받습니다.

기체의 부피는 압력이 높아질수록 작아지고, 압력이 낮아질수록 커집니다. 압력이 2배로 커지면 부피는 반이 되고, 압력이 반이 되면 부피는 2배로 커집니다.

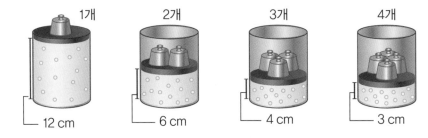

물속 깊은 곳에서 잠수부가 내뿜은 공기 방울은 물보다 가벼우므로 위로 올라갑니다. 공기 방울이 위로 올라갈수록 수압이 낮아지므로 점점 커지다가 수면에서 터집니다. 물속 깊은 곳에서 입으로 공기를 내뿜어 만든 버블 링도 처음에는 손바닥보다 작지만, 수면으로 올라올수록 수압이 낮아지므로 사람이 통과할 수 있을 정도로 커집니다.

  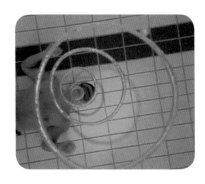

물속 10 m 깊이에 있던 잠수부가 숨을 참고 수면으로 올라오면 압력이 반으로 줄어들어 공기의 부피가 2배로 늘어나므로 잠수부의 폐에 손상이 갈 수 있습니다. 따라서 깊은 물속에서 수면으로 올라올 때는 공기를 빼내면서 천천히 올라와야 합니다.

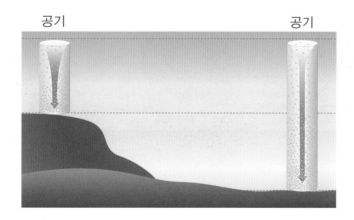

반대로 지상에서는 높은 곳으로 올라가면 공기의 양이 적어지므로 압력이 낮아집니다. 이 때문에 하늘 높이 올라간 풍선은 위로 올라갈수록 압력이 낮아지므로 부피가 점점 커지다가 결국 터집니다.

힌트를 얻었으면 앞 페이지로 가서 다시 도전!

Mission
04

안쌤과 함께하는 **신나는 과학** 방탈출

밀폐된 공간에서의 화재

밀폐된 컨테이너 박스에서 화재가 발생했습니다. 시간이 지나자 불꽃이 조금씩 줄어들고 연기만 나면서 타들어갔습니다. 소화기를 뿌려 불꽃을 완전히 진압하기 위해 발로 문을 차서 문을 활짝 열었더니 갑자기 폭발하며 불꽃이 커지고 매우 강렬하게 다시 타기 시작했습니다.

정답
90쪽

밀폐된 컨테이너 화재에서 문을 열었을 때 갑자기 불꽃이 커지고
다시 타기 시작하는 이유는 무엇일까요?

① 산소가 컨테이너 안으로 공급되기 때문이다.

② 연기가 컨테이너 밖으로 빠르게 빠져나가기 때문이다

③ 컨테이너 안의 온도가 매우 높았기 때문이다.

물질이 타기 위해서
무엇이 필요한지 생각해 보세요.

답을 고르기 어렵다면 다음 페이지의 **힌트를 참고하여 다시 도전!**

물질이 타기 위해서는 산소와 발화에 필요한 열에너지가 있어야 합니다. 밀폐된 곳에서 화재가 발생했을 때 시간이 지나면 산소가 부족해지면서 불꽃이 작아지고, 물질이 열분해 되어 탈 수 있는 기체가 쌓입니다. 이때 문을 열거나 창문을 부수면 많은 양의 산소가 한번에 공급되어 갑자기 폭발하며 불꽃이 커지고 넓게 번집니다. 이러한 현상을 백드래프트(Backdraft)라고 합니다.

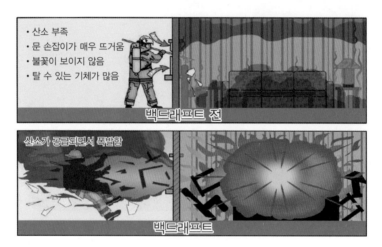

백드래프트는 화염이 폭풍을 동반하여 산소가 유입된 곳으로 갑자기 분출되기 때문에 폭발력이 매우 강하고 대형 화재로 이어질 수 있습니다. 또한, 소방관이나 대피하는 사람들을 아주 위험한 상황에 이르게 합니다. 이 때문에 화재가 발생했을 때 함부로 문을 열거나 창문을 깨면 안 됩니다.

좁은 틈이나 작은 구멍을 통해 건물 안으로 연기가 빨려 들어가는 경우, 불꽃은 보이지 않지만 창문이나 문이 뜨거운 경우, 유리창 안쪽으로 타르와 비슷한 기름 성분의 물질이 흘러내리는 경우, 창문으로 봤을 때 건물 안에서 연기가 소용돌이 치고 있는 경우에는 백드래프트를 의심해 봐야 합니다. 이때는 화재가 난 건물의 옥상이나 지붕을 뚫어 탈 수 있는 기체를 먼저 빼내거나, 창문을 깬 뒤 빨리 후퇴하거나, 출입문의 문을 천천히 열면서 많은 양의 물을 뿌려 불길이 되살아나는 것을 막아야 합니다.

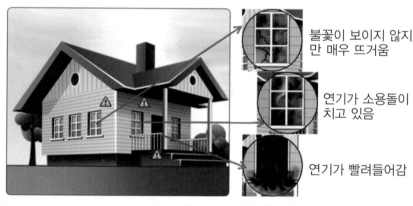

불꽃이 보이지 않지만 매우 뜨거움

연기가 소용돌이 치고 있음

연기가 빨려들어감

▲ 백드래프트가 의심되는 경우

화재가 발생했을 때 대처 방법

① 불을 발견하면 "불이야"하고 큰 소리로 외치고, 비상벨을 눌러 주변에 알린다.
② 젖은 수건으로 코와 입을 막고 몸을 낮춰 이동한다.
③ 비상구를 통해 몸을 피하고, 승강기 대신 계단으로 대피한다.
④ 안전한 곳에서 119에 신고한다.
⑤ 화재의 초기 단계일 때는 소화기로 불을 끈다.
⑥ 문손잡이가 뜨거우면 문 반대편에 불이 있을 수 있으므로 함부로 문을 열지 않는다.

힌트를 얻었으면 앞 페이지로 가서 다시 도전!

Mission 05

식용유에 불이 붙었을 때 물을 뿌리면?

튀김을 하려고 프라이팬에 식용유를 넣고 가열했습니다. 잠시 방심한 사이, 식용유의 온도가 너무 높아져서 식용유 위로 불이 붙어 타고 있었습니다. 불을 끄려고 재빨리 수도꼭지를 틀어 물을 뿌렸더니 불꽃이 폭발하며 여기 저기 불똥이 튀고 검은 연기가 천장까지 치솟아 올랐으며 불이 더 크게 번졌습니다.

정답
90쪽

불이 붙은 식용유에 물을 뿌리면 불이 꺼지지 않고 오히려 폭발하여 불똥이 튀어 더 커지는 이유는 무엇일까요?

① 식용유는 잘 타는 성질이 있기 때문이다.

② 물이 분해되어 산소가 공급되기 때문이다.

③ 물이 100 ℃에서 끓어 수증기로 변하기 때문이다.

물과 식용유의 성질을 생각해 보세요.

답을 고르기 어렵다면 다음 페이지의 **힌트를 참고하여 다시 도전!**

목재, 의류, 종이 등에 불이 붙는 일반 화재는 물이나 소화기 등을 활용해 불을 끌 수 있습니다. 그러나 식용유에 의한 화재에는 물을 사용하면 안 됩니다. 물은 식용유와 섞이지 않고 식용유는 물보다 가벼워서 물 위에 뜹니다. 불이 붙은 식용유에 물을 뿌리면 물 위로 튀어올라 사방으로 튀어 더 큰 화재로 이어집니다. 또한, 물이 식용유에 닿으면 순식간에 수증기로 변해 부피가 약 1,700배 팽창하면서 불이 붙은 식용유가 튀어 올라 불꽃이 멀리 퍼지고 화상을 입기도 하므로 매우 위험합니다.

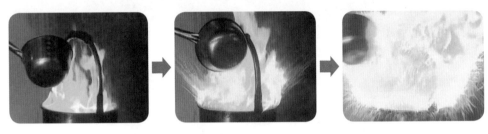

식용유에 의한 화재는 일반 소화기로는 불을 끄기 어렵습니다. 소화기로 불길을 잡아도 식용유의 온도가 식용유의 발화점※이나 인화점※보다 높아 다시 저절로 불이 붙기 때문입니다. 식용유에 의한 화재에는 K급 소화기를 사용해야 합니다. 불이 붙은 식용유에 K급 소화기를 뿌리면 순간적으로 비누처럼 거품을 만들어 즉시 온도를 20~30 ℃ 떨어뜨려 발화점 이하로 빠르게 낮춰주므로 다시 불이 붙는 것을 막습니다.

▲ K급 소화기

※ 발화점 주변에 불꽃이 없어도 스스로 불이 붙기 시작하는 온도이다. 식용유의 발화점은 종류에 따라 다르지만 약 280~380 ℃이다.
※ 인화점 주변에 불꽃이 있을 때 불이 붙기 시작하는 온도이다. 식용유의 인화점은 발화점과 비슷하다.

'K급 소화기'가 없다면 불에 타지 않는 큰 뚜껑, 물에 젖은 수건이나 옷, 잎이 넓은 배추, 상추, 양배추 등으로 불꽃을 한번에 완전히 덮어 산소를 차단하는 것이 좋습니다.

▲ 기름 화재는 물에 젖은 수건으로 덮어 끈다.

과열이나 합선에 의한 전기 화재가 일어날 경우에는 제일 먼저 전원 차단기를 내리고 소화기로 불을 꺼야 합니다. 전원 차단기를 내리기 전에 물을 뿌리면 감전의 위험이 있기 때문입니다.

힌트를 얻었으면 앞 페이지로 가서 다시 도전!

Mission 06

마시려는 순간 얼어버린 물

몹시 추운 겨울 어느 날 밤, 뚜껑을 열지 않은 생수병을 차에 두고 내렸습니다. 생수병은 밤새 차 안에서 차가워졌지만 얼지는 않았습니다. 다음 날 아침 차에 탄 남자는 물을 마시려고 생수병 뚜껑을 조심히 연 후 입에 가져갔습니다. 그런데 생수병을 입에 가져다 대자마자 물이 순식간에 얼음으로 변해서 마실 수 없었습니다.

정답
90쪽

추운 겨울에 물을 마시려고 입에 가져다 대자마자 물이 언 이유는
무엇일까요?

① 밤보다 아침이 더 추웠기 때문이다.

② 물이 0 ℃보다 낮은 온도였기 때문이다.

③ 남자의 입이 매우 차가웠기 때문이다.

물이 얼음이 되는 조건을 생각해 보세요.

답을 고르기 어렵다면 다음 페이지의 힌트를 참고하여 다시 도전!

액체 상태인 물 입자들은 자유롭게 이리저리 돌아다닙니다. 온도가 높아지면 물 입자들의 움직임이 활발해지고 100 ℃가 되면 물 입자들이 하나씩 공기 중으로 흩어져 수증기가 됩니다. 우리는 이것을 '물이 끓는다'고 합니다. 반대로 온도가 낮아지면 물 입자들의 움직임이 느려지고 0 ℃가 되면 물 입자들이 규칙적인 육각형 모양으로 배열되어 딱딱한 얼음이 됩니다. 우리는 이것을 '물이 언다'고 합니다.

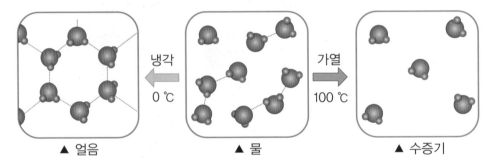

▲ 얼음   ▲ 물   ▲ 수증기

그런데 물의 온도가 낮아지는 것만으로는 물 입자들이 규칙적인 육각형 모양으로 배열되지 않습니다. 물 입자들을 끌어당겨서 육각형 모양으로 배열시키는 역할을 하는 핵이 필요합니다. 공기 방울, 먼지, 물속의 작은 입자들, 외부 충격 등이 핵이 됩니다. 만약 얼음을 만드는 핵으로 작용할 물질이 없는 매우 깨끗한 물을 충격을 받지 않도록 하며 전체적으로 균일하게 매우 빨리 차갑게 하면 0 ℃보다 낮은 온도에서도 물 입자가 육각형 모양을 만들지 못해 얼지 않고 액체 상태로 있습니다. 이러한 상태를 과냉각 상태라고 합니다.

▲ 과냉각 상태

순수한 물은 −5 ℃까지 잘 얼지 않으며, −41.15 ℃까지 과냉각 상태가 관찰됩니다. 과냉각 상태는 매우 불안정한 상태이므로 살짝만 건드리거나 충격을 주면 순식간에 얼어서 안정한 상태가 됩니다.

과냉각 현상을 이용하면 콜라에 충격을 주어 슬러시로 만들 수 있고 물을 부으면서 얼음 작품을 만들 수 있습니다. 또한 육류를 영양 손실 없이 더 오랫동안 보관할 수 있고, 혈액과 장기 등도 보존 기간을 늘릴 수 있습니다.

과냉각

식물과 몇몇 동물은 과냉각 상태를 이용하여 극한의 환경에서 세포가 어는 것을 막습니다. 일반적으로 세포의 60 %는 물이므로 세포가 얼면 부피가 늘어나 세포가 파괴되어 죽습니다. 식물은 추운 겨울 동안 얼음을 만드는 핵이 만들어지지 않도록 하여 물을 과냉각 상태로 유지합니다. 남극 주위에 사는 흑지느러미 빙

▲ 흑지느러미 빙어

어는 결빙방지단백질을 가지고 있어 몸이 어는 것을 막습니다. 결빙방지단백질은 세포 안에 작은 얼음 조각이 만들어지면 바로 얼음 조각의 표면을 덮어 얼음이 커지는 것을 막습니다.

힌트를 얻었으면 앞 페이지로 가서 다시 도전!

질소로 만든 아이스크림이 부드러운 이유

큰 그릇에 액체 아이스크림 믹스를 넣은 후 액체 질소를 넣었더니 주변에 뿌옇게 흰 연기가 생겼습니다. 액체 질소를 넣은 액체 아이스크림 믹스를 기계로 계속 저어주었더니 1분도 안 되어 아이스크림이 만들어졌습니다. 액체 질소로 만든 아이스크림은 냉동실에서 만든 일반 아이스크림과 달리 매우 부드러웠습니다.

정답
90쪽

질소로 만든 아이스크림이 일반 아이스크림보다 더 부드러운 이유는 무엇일까요?

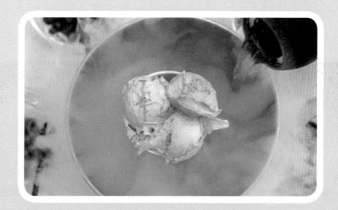

① 음식에 질소가 섞이면 부드러워지기 때문이다.

② 액체 질소에 의해 아이스크림 믹스가 순간적으로 얼어서 아이스크림 알갱이 크기가 작기 때문이다.

③ 즉석에서 만들므로 첨가물이 들어가지 않기 때문이다.

매우 낮은 온도에서 물질이 얼면
어떻게 될지 생각해 보세요.

답을 고르기 어렵다면 다음 페이지의 **힌트를 참고하여 다시 도전!**

질소는 상온에서 기체 상태로 존재하며 공기 중에 약 78 %를 차지하는 물질로 인체에 전혀 해롭지 않은 물질입니다. 질소는 −196 ℃에서는 무색의 액체로 변하고, −210.5 ℃에서는 투명하고 색이 없는 고체가 됩니다. 지구에서 가장 추운 남극도 −60 ℃ 정도이니 자연에서는 액체 질소를 찾아볼 수 없습니다. 액체 질소는 공기를 아주 높은 압력으로 압축하고, 냉각시켜서 만듭니다. 액체 질소는 −196 ℃로 매우 차가워 물질을 순간적으로 얼려버리고, 공기 중에서 급격하게 증발하면서 끓어 넘치므로 위험한 물질입니다.

▲ 액체 질소

▲ 고체 질소

액체 질소가 기체로 변할 때 주위의 열을 흡수하므로 온도가 낮아집니다. 따라서 액체 질소 주변에는 수증기가 차가워져 아주 작은 물방울로 응결되어 흰 연기처럼 보이기도 하고, 액체 질소가 들어 있는 그릇이나 파이프에 두꺼운 얼음이 생

▲ 액체 질소 파이프

기기도 합니다. 액체 질소를 다룰 때는 반드시 보안경과 단열 장갑 등의 보호 장구를 착용해야 합니다.

큰 그릇에 액체 아이스크림 믹스와 액체 질소를 넣고 빠르게 저으면 액체 질소가 기체가 되면서 주위의 열을 흡수하므로 액체 아이스크림 믹스가 순식간에 굳어서 고체가 됩니다. 이때 아이스크림 결정의 크기는 차가워지는 속도가 빠를수록 작아집니다. 액체 아이스크림 믹스가 −196 ℃의 액체 질소에 닿으면 결정을 만들 시간도 없이 아주 작은 알갱이 상태로 순식간에 얼어붙습니다. 얼어붙은 알갱이가 50 μm(1 μm＝100만분의 1 m)보다 작아 혀에서는 부드러운 크림으로 느껴집니다. 질소로 아이스크림을 만드는 기계는 얼음처럼 단단해지지 않도록 끊임없이 얼어붙은 아이스크림을 부수고 뒤섞습니다. 아이스크림을 섞는 과정에서 들어간 공기도 아이스크림을 부드럽게 합니다.

액체 아이스크림 믹스를 액체 질소에 방울 방울 떨어뜨리면 순식간에 얼어붙어 구슬 아이스크림이 만들어집니다. 액체 질소는 아이스크림을 만드는 과정에서 모두 기체 상태가 되어 공기 중으로 날아가기 때문에 아이스크림에는 질소가 포함되어 있지 않습니다.

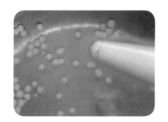

힌트를 얻었으면 앞 페이지로 가서 다시 도전!

Mission 08

망고 요구르트 맛이 나는 달걀프라이

레스토랑에서 맛있는 식사를 마친 후 후식으로 예쁜 접시에 놓인 맛있어 보이는 반숙 달걀프라이가 나왔습니다. '디저트에 달걀프라이가 나오다니….' 조금 의아했지만, 노른자를 터트려 흰자와 함께 한 입 먹었습니다. 그런데, 분명 달걀프라이를 먹었는데 망고 요구르트 맛이 났습니다.

정답
90쪽

디저트로 나온 달걀프라이에서 망고 요구르트 맛이 나는 이유는 무엇일까요?

① 망고를 먹고 자란 닭이 낳은 달걀이기 때문이다.

② 망고 시럽과 요구르트로 만든 달걀프라이이기 때문이다.

③ 달걀프라이에 망고 요구르트맛 가루를 뿌렸기 때문이다.

 달걀프라이를 만든 재료에 대해 생각해 보세요.

답을 고르기 어렵다면 다음 페이지의 **힌트**를 참고하여 **다시 도전!**

솜사탕은 푹신한 솜처럼 보이지만 달콤한 설탕을 녹여 가는 실 모양으로 만든 것이고, 팝콘은 단단한 옥수수에 열을 가해 부풀린 것입니다. 이처럼 음식을 구성하는 재료의 질감, 형태, 조직, 요리 과정 등을 변형해 완전히 다른 형태로 다시 만들어 내는 요리를 분자 요리라고 합니다.

▲ 솜사탕

▲ 팝콘

사진 속 디저트로 나온 달걀프라이는 망고 시럽과 요구르트로 만든 것입니다. 망고 시럽과 요구르트를 달걀프라이 모양으로 만들기 위해서는 한천과 알긴산이 필요합니다. 한천은 우뭇가사리에 들어 있는 물질로 젤리처럼 굳게 만드는 특성이 있고, 알긴산은 미역에 들어 있는 물질로 칼슘과 만나면 젤리처럼 굳는 성질이 있습니다.

▲ 우뭇가사리와 한천 가루

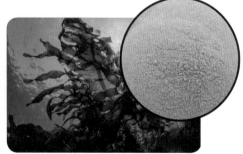
▲ 미역과 알긴산 가루

흰색 요구르트에 한천 가루를 넣고 끓이면 적당한 점성을 가진 달걀흰자 모양을 만들 수 있습니다. 망고 시럽에 칼슘을 섞은 후 알긴산 용액에 담그면 동그란 모양의 노른자 모양을 만들 수 있습니다. 이때 알긴산 용액과 만난 겉부분만 젤리가 되므로 안쪽은 액체 상태입니다. 따라서 노른자 모양을 터트리면 망고 시럽이 흘러나옵니다.

▲ 요구르트로 만드는
달걀흰자 모양

▲ 망고 시럽으로 만드는
달걀노른자 모양

분자 요리를 이용하면 동그란 간장 구슬, 딸기로 만든 국수, 거품 된장국, 입에 넣으면 사라지는 인절미 등 다양하고 신기한 음식을 만들 수 있습니다.

▲ 간장 구슬

▲ 딸기로 만든 국수

▲ 거품 된장국

힌트를 얻었으면 앞 페이지로 가서 다시 도전!

유리 보호각으로 둘러싸인 국보 2호

우리나라 국보 2호인 서울 원각사지 십층석탑은 수백 년 동안 제자리를 지키고 있습니다. 위치는 서울 종로구 탑골 공원 안쪽이며, 유리 보호각으로 둘러싸여 있습니다. 이 탑은 1467년 조선 시대에 만들어진 대리석 탑으로, 표면에 부처상과 각종 동물상이 정교하게 새겨져 있습니다. 하지만 지금은 유리 보호각 때문에 가까이에서 살펴볼 수 없습니다.

▲ 유리 보호각을 씌우기 전 원각사지 십층석탑

정답
90쪽

국보 2호인 서울 원각사지 십층석탑에 유리 보호각을 씌운 가장 큰
이유는 무엇일까요?

① 사람이나 동물이 석탑을 훼손시키는 것을 막기 위해서이다.

② 석탑의 재료인 대리암은 새의 배설물이나 산성비에 녹기 때문이다.

③ 여름과 겨울철의 큰 온도 차에 의해 석탑이 훼손되는 것을 막기 위
　해서이다.

석탑의 재료인 대리석의 특징을 생각해 보세요.

답을 고르기 어렵다면 다음 페이지의 **힌트를 참고하여 다시 도전!**

중국은 벽돌로 지은 전탑, 일본은 나무로 지은 목탑, 우리나라는 돌로 만든 석탑이 많습니다. 우리나라는 화강암이 많아서 대부분 탑을 화강암으로 만들었습니다. 화강암은 단단하고 잘 부서지지 않아서 오랫동안 탑의 모습이 변하지 않고 유지됩니다.

서울 원각사지 십층석탑은 우리나라에서 흔하지 않은 대리암으로 만든 석탑입니다. 대리암은 색과 무늬가 아름답고 광택이 있으며 화강암보다 약하고 부드럽기 때문에 정교하고 화려한 조각도 할 수 있습니다. 하지만 그만큼 손상도 빠릅니다. 특

▲ 대리암

히 산성 물질에 녹아 쉽게 부식됩니다. 서울 원각사지 십층석탑은 지난 5백 년간 비바람과 산성인 새의 배설물, 점점 심해지는 산성비와 공해 등에 의해 표면의 조각이 많이 훼손되었습니다. 전문가들은 석탑을 보호하기 위해 2000년에 높이 12 m의 탑에 높이 15.4 m의 유리 보호각을 덧씌웠습니다.

▲ 훼손된 원각사지 십층석탑

물에 녹아 수소 이온(H^+)을 내놓는 물질을 산, 물에 녹아 수산화 이온(OH^-)을 내놓는 물질을 염기라고 합니다.

산성 용액은 신맛이 나고, 금속과 탄산 칼슘이 주성분인 달걀 껍데기나 대리암을 잘 녹입니다. 식초, 레몬, 탄산음료, 염산 등이 산성 용액입니다.

염기성 용액은 쓴맛이 나고 달걀흰자나 두부 등 단백질 성분을 잘 녹입니다. 세제, 유리 세정제, 소다수 등이 염기성 용액입니다.

산의 세기는 pH로 나타냅니다. pH가 7이면 중성이고, 7보다 작으면 산성, 7보다 크면 염기성입니다.

지시약을 이용하면 산성 용액과 염기성 용액을 쉽게 구분할 수 있습니다.

▲ 리트머스 용액   ▲ 페놀프탈레인 용액   ▲ 자주색 양배추 지시약

힌트를 얻었으면 앞 페이지로 가서 다시 도전!

수국이 다양한 색의 꽃을 피우는 이유

장마철이 되면 수국이 화려하게 피어납니다. 수국은 물을 좋아하는 국화를 닮은 꽃입니다. 수국은 여러 개의 꽃이 뭉쳐서 한 개의 큰 모양을 이루며, 한 그루에서 보라색, 푸른색, 분홍색, 붉은색, 흰색 등 다양한 색의 꽃이 핍니다. 수국의 꽃과 잎은 차로 마시기도 합니다.

정답 90쪽

수국이 한 그루에서 푸른색, 붉은색, 흰색 등 다양한 색의 꽃을 피우는 이유는 무엇일까요?

① 꽃마다 다른 색깔의 색소를 가지고 있기 때문이다.

② 뿌리 주변의 흙의 산성도에 따라 꽃의 색이 달라지기 때문이다.

③ 햇빛을 많이 받은 곳과 그렇지 않은 곳의 색이 다르기 때문이다.

 꽃의 색깔에 영향을 주는 것이 무엇인지 생각해 보세요.

답을 고르기 어렵다면 다음 페이지의 **힌트를 참고하여 다시 도전!**

수국은 델피니딘이라는 색소를 가지고 있습니다. 델피니딘은 식물성 색소인 안토시아닌의 한 종류로, 알루미늄에 의해 색이 바뀝니다. 수국꽃이 처음 필 때는 흰색이지만 델피니딘 색소가 만들어지면 흙의 성질에 따라 색이 바뀝니다. pH가 5.5보다 낮은 산성 흙에는 알루미늄이 많이 녹아 있습니다. 수국이 흡수한 알루미늄이 델피니딘과 결합하면 꽃이 푸른색을 띱니다. pH가 6.5 보다 높은 흙에는 알루미늄이 적게 녹아 있습니다. 알루미늄과 결합하지 않은 델피니딘은 본래 색인 붉은색을 나타냅니다.

수국꽃색						
pH	4.5	5.0	5.5	6.0	6.5	7.0

산성 ←————————————→ 중성 ⇒ 염기성

즉, 수국은 흙의 산성이 강할수록 알루미늄이 많아 꽃이 보라색이나 진한 푸른색 띠고, 흙의 산성이 약할수록 알루미늄이 적어 꽃이 분홍색이나 진한 붉은색을 띱니다. 또한 pH 4 이하의 강한 산성 흙과 pH 7.4 이상의 약염기성 흙에서는 자라지 못합니다.

하나의 수국에서도 뿌리의 길이와 뻗은 방향이 제각각 다르기 때문에 여러 흙의 영향을 받아 푸른색, 붉은색, 흰색 등 다양한 색의 꽃을 피웁니다. 수국이 꽃을 피우기 전에 흙에 백반(명반, 황산 알루미늄칼륨)이나 황산 알루미늄을 녹인 물을 뿌리면 푸른색 꽃이 피고, 달걀 껍데기 가루나 석회 가루를 뿌려 산성을 약하게 하면 붉은색 꽃이 핍니다.

수국의 화려한 꽃송이는 나비가 날개를 펼친 것 같은 작은 꽃들로 이루어져 있습니다. 줄기 끝에 달린 꽃자루가 아래쪽은 길고, 위쪽은 짧아서 꽃송이가 우산처럼 펼쳐진 모양을 하고 있습니다.

우리가 수국 꽃잎이라고 생각하는 것은 실제로는 꽃받침입니다. 곤충을 유인하기 위해 꽃받침이 꽃 모양으로 변형된 가짜 꽃잎입니다. 꽃받침 가운데에 암술, 수술, 꽃잎으로 이루어진 작은 진짜 꽃이 있습니다. 가짜 꽃잎이 활짝 핀 후 나중에 진짜 꽃이 핍니다.

꽃받침

수술
암술

꽃잎

오늘날 화단에서 쉽게 볼 수 있는 수국은 가짜 꽃잎이 화려하게 피도록 개량한 품종입니다. 이 품종은 암술이 퇴화하여 씨앗을 만들지 못하므로 혼자서 번식할 수 없고 사람이 줄기나 가지를 꺾어 다시 심거나 휘어진 줄기를 땅에 묻어 인위적으로 번식시켜야 합니다.

힌트를 얻었으면 앞 페이지로 가서 다시 도전!

Congratulations!
Escape Success!

물질

문제	1	2	3	4	5	6	7	8	9	10
정답	③	②	①	①	③	②	②	②	②	②
○표 하는 곳										

내가 맞힌 문제의 수 : 총 (   ) 개

안쌤의 Solution

◆ 8개 이상 주변 현상의 원인을 분석하는 습관을 기르세요.

◆ 5 ~ 7개 실생활과 관련된 과학 기사로 융합사고력을 기르세요.

◆ 4개 이하 틀린 문제의 힌트로 개념을 다시 확인하세요!

신나는 과학 방탈출

GO TO THE NEXT ROOM

Welcome!

지구와 생명

01 슈퍼문이 뜨는 이유

02 하늘의 태양이 사라지다

03 고려 시대에 나타난 오로라 현상

04 방사선 피폭량을 관리하는 항공승무원

05 하루 종일 해가 지지 않는 곳

06 여름에 온도가 더 낮은 곳

07 봄철 동해안에 산불이 잦은 이유

08 밤이 되면 빛이 나는 바다

09 여러 가지 열매 중 과일은?

10 대추 방울토마토에서 얻은 씨앗을 심었더니?

ENTER THE ESCAPE ROOM

슈퍼문이 뜨는 이유

달은 날마다 모습이 바뀝니다. 날마다 조금씩 차올라서 일주일이 지나면 오른쪽이 둥근 반달(상현달)이 되고 일주일이 더 지나면 둥근 보름달이 됩니다. 일주일이 더 지나면 점점 살이 빠져 왼쪽이 둥근 반달(하현달)이 되고 일주일이 더 지나면 달이 보이지 않습니다.

2019년 2월 20일 0시 54분 정월 대보름 밤하늘에 슈퍼문이 떴습니다. 슈퍼문은 평소보다 더 크게 보이는 달입니다.

정답
134쪽

평소보다 크기가 큰 슈퍼문이 뜨는 이유는 무엇일까요?

▲ 일반 보름달   ▲ 슈퍼문

① 달과 지구 사이의 거리가 가까워지기 때문이다.

② 달과 태양 사이의 거리가 가까워지기 때문이다.

③ 태양과 지구 사이의 거리가 가까워지기 때문이다.

 물체까지의 거리와 물체가 보이는 크기의
관계를 생각해 보세요.

답을 고르기 어렵다면 다음 페이지의 **힌트**를 참고하여 **다시 도전!**

달은 29.53일, 약 한 달을 주기로 초승달-상현달-보름달-하현달-그믐달로 모양이 규칙적으로 변합니다.

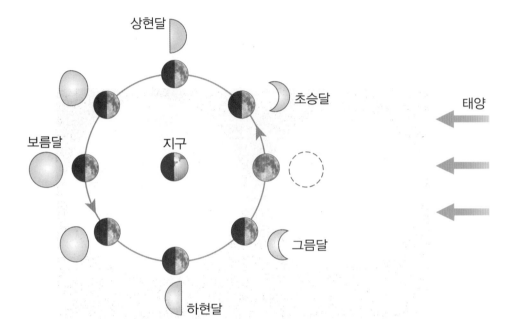

달은 지구로부터 평균 384,400 km 떨어진 곳에서 지구 주위를 타원 모양으로 공전하고 있습니다. 따라서 지구에서 볼 때 달이 태양 빛을 반사하는 부분이 달라지므로 우리 눈에 달의 모양이 변하는 것처럼 보입니다. 태양-지구-달이 나란하게 될 때는 보름달이 뜨고, 태양-달-지구가 나란하게 될 때는 달을 볼 수 없습니다.

달은 모양뿐만 아니라 크기도 매일 조금씩 바뀝니다. 달이 지구 주위를 타원 궤도로 돌고 있기 때문입니다. 달이 지구와 가장 가까울 때의 거리는 356,452 km이고 가장 멀 때의 거리는 405,696 km로 약 50,000 km 차이가 납니다.

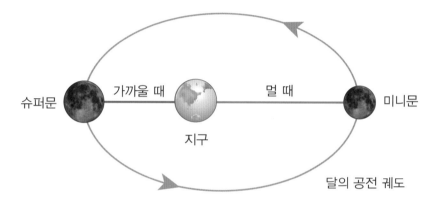

따라서 달이 지구와 가장 가까워지는 지점에서는 크게 보이고, 반대로 달이 지구와 가장 멀어지는 지점에서는 작게 보입니다. 보름달 중에서 가장 크게 보이는 달을 슈퍼문, 가장 작게 보이는 달을 미니문이라고 하며, 슈퍼문은 미니문에 비해 약 14 % 정도 크고 약 30 % 정도 밝게 보입니다.

슈퍼문과 미니문 외에 블루문과 블러드문도 있습니다. 달의 공전주기는 29.53일로 한 달보다 짧아서 한 달에 보름달이 두 번 뜨기도 합니다. 한 달에 두 번째 뜨는 보름달을 블루문이라고 하며, 달의 색과는 상관없습니다. 블러드문은 개기 월식 때 붉게 보이는 달입니다.

▲ 블러드문

힌트를 얻었으면 앞 페이지로 가서 다시 도전!

하늘의 태양이 사라지다

2017년 8월 21일 오전 10시 15분 미국

붉은 태양의 오른쪽 부분이 점점 사라지더니 완전히 자취를 감추었습니다. 분명 낮인데도 밤처럼 캄캄해졌고, 벌은 날갯짓을 멈추었고, 더운 여름인데도 서늘해졌습니다. 약 3분 후 태양의 왼쪽 부분부터 점점 다시 나타나 밝아졌습니다. 이 현상은 전 세계에서 미국 일부 지역에서만 약 90분 동안 나타났습니다.

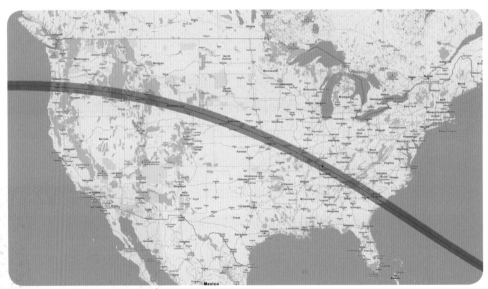

▲ 2017년 8월 21일 태양이 지나가는 길

정답
134쪽

낯에 하늘의 태양이 사라진 이유는 무엇일까요?

① 낯에 뜬 달이 태양을 가렸기 때문이다.

② 두꺼운 구름이 태양을 가렸기 때문이다.

③ 태양이 잠시 빛을 내지 않았기 때문이다.

낯에 태양을 가릴 수 있는 것이
무엇인지 생각해 보세요.

답을 고르기 어렵다면 다음 페이지의 **힌트**를 참고하여 **다시 도전!**

지구는 태양 주위를 공전하고 있고, 달은 지구 주위를 공전하고 있습니다. 태양, 지구, 달은 저마다 정해진 궤도를 따라 움직이기 때문에 서로 충돌하지 않지만, 한 천체가 다른 천체의 앞을 지나는 일은 자주 발생합니다. 이 중 지구에서 봤을 때 달이 태양 앞을 지나면서 태양을 가리는 현상을 일식이라고 합니다. 태양이 완전히 가려지면 개기 일식, 태양의 일부가 가려지면 부분 일식이라고 합니다.

▲ 개기 일식　　　　　　　　　▲ 부분 일식

실제 태양은 달보다 400배 크지만, 태양이 달보다 400배 멀리 있어 우리 눈에는 비슷한 크기로 보입니다. 따라서 달이 태양 전체를 가릴 수 있습니다.

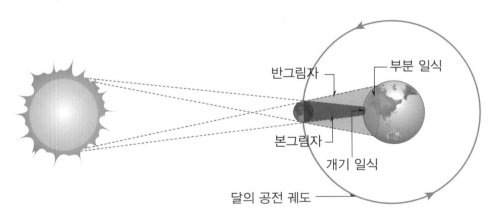

반그림자

부분 일식

본그림자

개기 일식

달의 공전 궤도

일식이 일어날 때 지구상의 모든 사람이 일식을 볼 수 있는 것은 아닙니다. 태양, 달, 지구가 일직선 상에 있으면 지구 표면에 달 그림자가 생깁니다. 이때 빛이 전혀 닿지 않아 어두워진 부분은 본그림자라고 하고 약간의 빛이 통과하여 밝게 생긴 그림자는 반그림자라고 합니다. 개기 일식은 달의 본그림자가 생기는 매우 좁은 지역에서만 약 3분 정도 볼 수 있습니다. 달의 반그림자가 생기는 지역에서는 부분 일식을 볼 수 있고, 그 밖의 지역에 있는 사람들은 일식을 볼 수 없습니다. 개기 일식을 볼 때는 반드시 강한 태양 빛을 막아주는 태양 필터로 된 태양 안경을 써야 합니다.

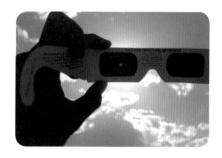

달의 공전 궤도면과 지구의 공전 궤도면은 약 5° 정도 기울어져 있기 때문에 주기적으로 일식이 일어나지 않습니다. 우리나라에서는 1887년 8월 19일과 1948년 5월 21일에 개기 일식이 있었고, 2035년 9월 2일에 북한과 강원도 일부 지역에서 개기 일식을 볼 수 있습니다. 오전 8시 32분부터 시작해서 오전 10시 11분에 끝나는 것으로 추정되고 있습니다. 한반도 남쪽에서는 2095년 11월 27일에 개기 일식을 볼 수 있습니다. 옛날에는 일식 현상이 다양한 미신과 결합하여 두려움의 대상이었지만 오늘날에는 호기심과 축제의 대상이 되고 있습니다.

힌트를 얻었으면 앞 페이지로 가서 다시 도전!

고려 시대에 나타난 오로라 현상

오로라[※]는 하늘이 붉은색이나 녹색 등 다양한 색의 커튼 모양으로 바뀌는 현상입니다. 현재 오로라는 극지방 근처, 캐나다 중북부, 미국 알래스카, 시베리아 북부, 스칸디나비아반도 북부, 아이슬란드 등 위도 60° 이상의 고위도 지역에서만 볼 수 있습니다. 그러나 삼국 시대부터 조선 시대까지는 우리나라에서도 오로라를 관측했다는 기록이 700건이나 됩니다. 특히 고려 시대 기록에는 오로라의 색깔이나 방향, 모양까지도 자세히 기록되어 있습니다.

> '밤에 붉은 빛이 비단 폭을 펼친 듯 땅에서 하늘로 펼쳐졌다.'
>
> (삼국사기, 478년 2월)
>
> '비단 같은 백기가 하늘에 닿았다가 갑자기 붉은 색으로 변했다.'
>
> (고려사, 1017년 12월 15일)
>
> '적기가 동남쪽에 나타났는데 길이가 십여 장이다.'
>
> (고려사, 1104년 2월 7일)

※ 오로라 우주 입자가 지구 자기장에 의해 대기권으로 들어오면서 공기 입자와 부딪쳐 빛을 내는 현상으로 하늘이 빨강, 파랑, 노랑, 연두, 분홍 색깔의 다양한 색의 빛으로 변한다.

정답
134쪽

고려 시대에 우리나라에서 오로라 현상이 나타난 이유는 무엇일까요?

① 고려 시대에 태양의 활동이 매우 활발했기 때문이다.

② 고려 시대에는 한반도가 북극점에 가까이 위치했었기 때문이다.

③ 고려 시대에는 지구 자기장의 북극이 한반도 근처였기 때문이다.

현재 오로라를 볼 수 있는
지역의 특징을 생각해 보세요.

답을 고르기 어렵다면 다음 페이지의 **힌트를 참고하여 다시 도전!**

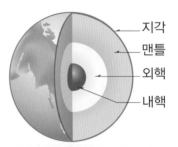

지구는 바깥쪽에서부터 지각, 맨틀, 외핵, 내핵의 순서대로 이루어져 있습니다. 이 중 외핵은 철이나 니켈 등이 녹아 있는 액체 상태입니다. 지구가 자전하면 액체 상태인 외핵에서 자기장이 만들어져, 지구는 하나의 커다란 자석이 됩니다. 지구 자기장은 태양으로부터 방출되는 태양풍을 막아 주어 지구에 생명체가 살 수 있도록 해줍니다.

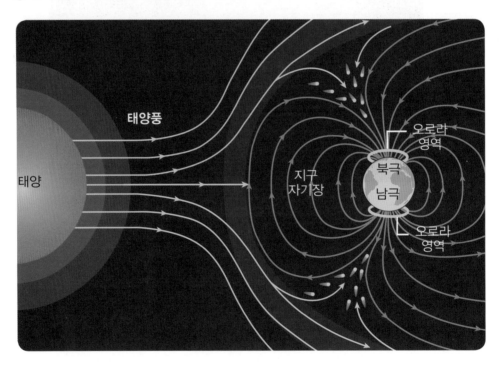

오로라는 태양에서 방출된 태양풍의 일부가 지구 자기장에 이끌려 대기로 들어오면서 공기 입자와 부딪쳐 빛을 내는 현상입니다. 따라서 오로라는 지구 자기장의 북극 또는 남극 근처에서만 나타납니다. 현재 우리나라에서는 오로라를 볼 수 없습니다.

나침반 바늘이 가리키는 방향을 따라가면 지도상의 북극점으로 갈 수 없습니다. 지구 자기장의 북극과 남극은 지도상의 북극과 남극과 위치가 다르기 때문입니다. 또한, 지구 자기장의 북극과 남극은 고정되어 있지 않고 계속 움직입니다. 현재 지구 자기장의 북극은 북극해에 있고, 1년에 서쪽으로 약 50 km의 속도로 움직이고 있습니다. 50년 뒤에는 러시아 시베리아에 위치할 것으로 예측됩니다.

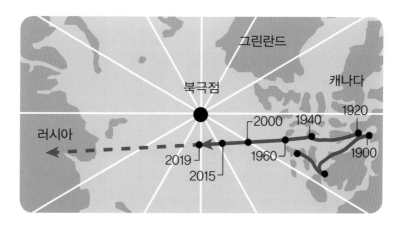

고려 시대(918~1392년)에는 지구 자기장의 북극이 지금보다 한반도 가까이에 있었기 때문에 우리나라에서도 오로라를 자주 볼 수 있었습니다. 고려 시대 사람들은 오로라가 나타나면 나라에 큰일이 일어난다고 생각했습니다. 하지만 오로라는 지구의 대기가 태양풍을 잘 막고 있다는 증거입니다.

힌트를 얻었으면 앞 페이지로 가서 다시 도전!

방사선 피폭량을 관리하는 항공승무원

잘 알려지지 않았지만, 일반적으로 항공승무원은 원자력발전소 종사자보다 방사선[※] 피폭[※]량이 많습니다. 승무원의 평균 방사선 피폭량은 2.2 mSv(밀리시버트)로, 방사선을 다루는 비파괴검사자(1.7 mSv)나 원자력발전소 종사자(0.6 mSv)보다 높습니다. 일반인의 방사선량 허용량[※]은 연간 1 mSv입니다.

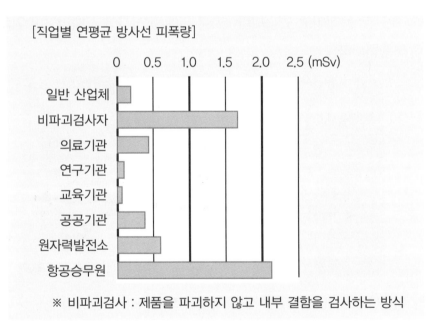

[직업별 연평균 방사선 피폭량]

※ 비파괴검사 : 제품을 파괴하지 않고 내부 결함을 검사하는 방식

※ 방사선 방사성 원소가 붕괴될 때 방출되는 에너지 입자나 전자파
※ 피폭 인체가 방사선에 노출되거나 또는 방사선으로 인해 피해를 입는 현상, 피폭량을 나타내는 단위는 Sv(시버트)이다.
※ 일반인의 방사선 허용량 자연방사선량과 엑스레이 촬영 등 의료방사선량을 제외한 것으로 원자력발전소와 같은 곳에서 만들어지는 인공방사선의 양이다.

정답
134쪽

항공승무원이 방사선 피폭량을 관리하는 이유는 무엇일까요?

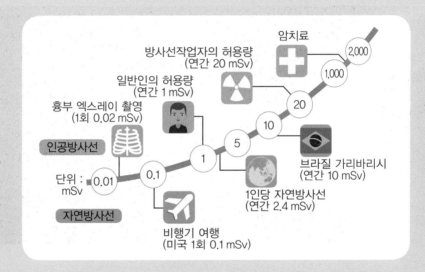

암치료

방사선작업자의 허용량
(연간 20 mSv)

일반인의 허용량
(연간 1 mSv)

흉부 엑스레이 촬영
(1회 0.02 mSv)

인공방사선

단위 :
mSv

자연방사선

2,000

1,000

20

10

5

1

0.1

0.01

브라질 가리바리시
(연간 10 mSv)

1인당 자연방사선
(연간 2.4 mSv)

비행기 여행
(미국 1회 0.1 mSv)

① 비행기가 운항할 때 많은 방사선이 만들어지기 때문이다.

② 높은 하늘에는 우주방사선이 많기 때문이다.

③ 높은 하늘에서는 적은 방사선에도 우리 몸이 민감하게 반응하기 때문이다.

승무원이 우주방사선에
노출되는 경우를 생각해 보세요.

답을 고르기 어렵다면 다음 페이지의 **힌트를 참고하여 다시 도전!**

우주방사선은 태양이나 별이 폭발할 때 생기는 높은 에너지를 가진 각종 입자와 전자파로, 눈에 보이지 않고 냄새도 맛도 없습니다. 우주방사선은 세포의 손상을 일으켜 암이나 돌연변이를 일으킵니다. 다행히 지구 자기장이 우주방사선을 막아 지구의 생명체를 보호합니다.

▲ 지구 자기장

지구는 하나의 커다란 자석입니다. 지구의 남극(N극)에서 나와 북극(S극)으로 들어가는 자기력선이 지구 주위를 빼곡하게 채우고 있습니다. 그러나 비행기를 타고 높이 올라가면 지상에서보다 우주방사선에 더 많이 노출됩니다. 특히 지구의 양쪽 극 지역은 지구의 자기력선이 지표면과 연결되어 있기 때문에 우주방사선이 들어올 수 있습니다. 북극은 지구에서 우주방사선이 가장 강한 지역으로, 적도보다 2~4배 정도 높습니다.

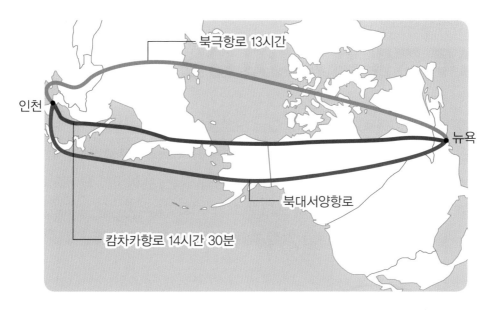

비행기로 우리나라에서 유럽이나 북미 대륙으로 갈 때 북극 항로를 이용합니다. 북극 항로를 이용하면 캄차카항로나 북대서양항로보다 비행 시간이 1시간 반 이상 단축되기 때문입니다. 그러나 북극항로로 인천－뉴욕을 한 번 비행하면 0.1 mSv(밀리시버트) 정도 방사선에 노출됩니다. 이것은 병원에서 흉부 엑스레이를 촬영하는 경우(0.02 mSv)의 5배 정도입니다. 일반 항로로 비행할 때도 방사선에 노출되지만 북극항로는 더 많은 방사선에 노출됩니다. 방사선에 노출되면 급성 골수성 백혈병이나 암 발병률이 높아집니다. 따라서 우리나라는 항공승무원의 연간 우주방사선 허용량이 5년간 100 mSv가 넘지 않도록 규정해 관리하고 있습니다.

힌트를 얻었으면 앞 페이지로 가서 다시 도전! 《

Mission 05

하루 종일 해가 지지 않는 곳

여름 방학에 가족들과 북유럽에 있는 노르웨이로 여행을 갔습니다. 노르웨이 수도인 오슬로에서의 하루는 너무 길었습니다. 밤 10시가 되서야 해가 지기 시작했고 어둑해졌습니다. 좀 더 북쪽 지방인 트롬쇠에서는 한밤중이 되어도 해가 지지 않아 낮처럼 밝았습니다. 밤이 되어도 해가 지지 않는 현상을 백야라고 부릅니다. 백야가 나타나는 곳에서는 각종 백야 축제가 열립니다.

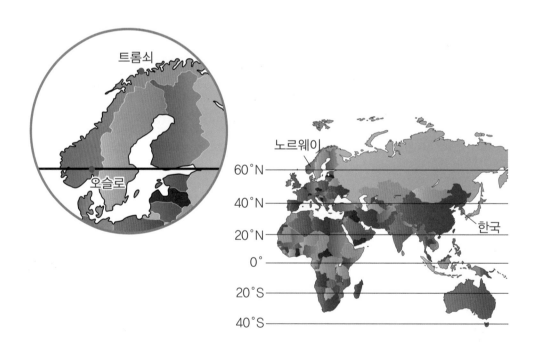

정답
134쪽

북유럽 지방의 여름에 밤이 되어도 해가 지지 않는 현상이 나타나는 이유는 무엇일까요?

① 지구가 둥글고 자전축이 기울어져 있기 때문이다.

② 지구가 스스로 하루에 한 바퀴씩 자전하기 때문이다.

③ 지구가 일 년에 한 번씩 태양 주위를 공전하기 때문이다.

낮과 밤이 생기는 이유를 생각해 보세요.

답을 고르기 어렵다면 다음 페이지의 **힌트**를 참고하여 **다시 도전!**

북극과 남극 근처에서는 여름에는 해가 지지 않아 밤에도 낮처럼 밝은 현상이 계속되고, 겨울에는 해가 빨리 져 낮에도 캄캄한 밤이 계속될 때가 있습니다. 낮이 계속될 때는 백야, 밤이 계속될 때는 극야라고 합니다.

▲ 여름철 새벽 1시, 노르웨이 백야   ▲ 겨울철 오후 3시, 노르웨이 극야

백야와 극야는 우리나라에서는 나타나지 않습니다. 스칸디나비아반도(노르웨이, 스웨덴, 핀란드), 유럽 일부(아이슬란드, 덴마크, 영국, 프랑스 등), 러시아 일부, 미국 알래스카, 캐나다, 칠레 등에서만 볼 수 있습니다. 백야와 극야가 일어나는 이유는 지구가 둥글고 지구의 자전축이 23.5° 기울어져 있기 때문입니다.

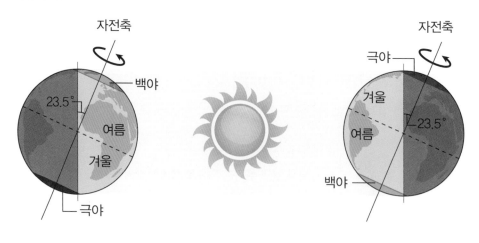

지구에서 태양을 향한 쪽은 빛을 받아 밝은 낮이 되고, 태양 반대편은 빛을 받지 못하므로 어두운 밤이 됩니다. 지구는 24시간 동안 한 바퀴씩 자전하므로 24시간 동안 낮과 밤이 반복됩니다. 그런데 지구의 자전축이 23.5° 기울어져 있어 북극과 남극 지방은 계절에 따라 빛을 계속 받거나 계속 받지 못하는 경우가 생깁니다. 북극 근처는 여름이면 태양 쪽으로 기울어져 계속 빛을 받으므로 백야가 나타나고, 겨울이면 태양 반대쪽으로 기울어져 계속 빛을 받지 못하므로 극야가 나타납니다. 북극 근처에서 백야가 나타날 때 남극 근처에서는 극야가 나타나고, 북극 근처에서 극야가 나타날 때 남극 근처에서는 백야가 나타납니다.

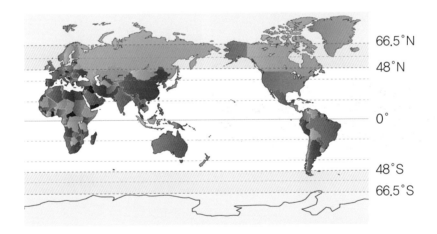

백야와 극야는 위도가 66.5°(90°−23.5°)보다 높은 지역에서 나타납니다. 그러나 태양은 매우 크고 밝아서 지평선 아래로 져도 주변이 밝기 때문에 위도가 48°보다 높은 지역이면 백야가 나타납니다. 백야와 극야는 위도가 높아질수록 기간이 길어지며, 북극과 남극은 백야와 극야가 6개월씩 반복됩니다.

힌트를 얻었으면 앞 페이지로 가서 다시 도전!

여름에 온도가 더 낮은 곳

무더운 여름, 더위를 피해 시원한 곳으로 가족 여행을 가려고 합니다. 아빠는 우리나라에서 가장 높은 한라산 꼭대기가 제일 시원하다며 한라산으로 가자고 하시고, 엄마는 물이 있는 바닷가가 제일 시원하다며 제주도 바닷가로 가자고 하십니다.

▲ 한라산 백록담

▲ 제주도 바닷가

정답
134쪽

높은 산꼭대기와 바닷가 중 여름에 온도가 더 낮은 곳은 어디일까요?

① 바닷가, 높은 산꼭대기는 뜨거운 태양과 가까워지므로 더 뜨겁다. 또한, 여름에는 땅보다 물의 온도가 더 낮으므로 물이 있는 바닷가가 더 시원하다.

② 높은 산, 태양은 공기를 직접 데우지 않고 지표면을 먼저 데우고, 데워진 지표면에 의해 공기가 데워진다. 따라서 높은 산꼭대기는 지표면의 열이 잘 도달하지 않으므로 낮은 곳의 바닷가보다 더 시원하다.

지구를 둘러싸고 있는 공기가 어떻게 데워지는지 생각해 보세요.

답을 고르기 어렵다면 다음 페이지의 **힌트를 참고하여 다시 도전!**

지구는 태양으로부터 계속 엄청난 양의 태양 복사 에너지를 받고 있기 때문에 지구의 온도는 계속 올라가지 않을까요? 그러나 실제 지구의 온도는 연평균 약 15 ℃로 일정하게 유지됩니다.

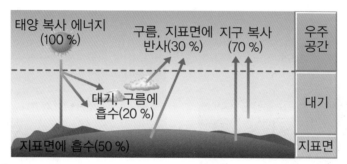

지구의 복사 평형

태양 복사 에너지 중 50 % 정도는 지구의 대기층에서 반사되거나 흡수되면서 사라지고, 50 %만 지표면에 전달됩니다. 지표면에 전달된 에너지도 그대로 지구에 흡수되는 것이 아니라 지구 밖으로 다시 반사됩니다. 지구가 우주로 내보내는 에너지를 지구 복사 에너지라고 하고, 지구 복사 에너지 때문에 지구의 평균 온도가 일정하게 유지됩니다.

지구의 대기는 태양 복사 에너지를 직접 받아서 가열되는 것이 아닙니다. 태양 복사 에너지를 받아 데워진 지표면이 방출하는 지구 복사 에너지에 의해 데워집니다. 따라서 지표면과 가까울수록 지구 복사 에너지를 많이 받아 온도가 높고, 고도가 높아질수록 지구 복사 에너지를 적게 받아 온도가 낮습니다.

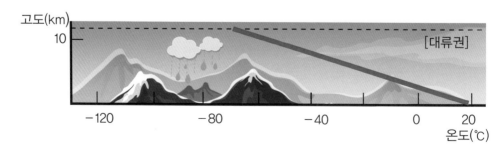

일반적으로 위로 1 km씩 올라갈 때마다 온도가 6.5 ℃씩 낮아집니다. 따라서 산 정상에 올라가면 춥게 느껴집니다. 더운 적도 지방이더라도 고도 2,850 m 에 위치한 고산 지역은 온도가 10~15 ℃로 서늘하고, 고도 5,000 m 이상인 높은 산 정상에는 1년 내내 눈이 쌓여 있습니다.

▲ 적도(위도 0°)에 위치한 에콰 도르 고산 지역(2,850 m)

▲ 적도(위도 3°S)에 위치한 킬리만자로 산(5,895 m)

고도가 높아짐에 따라 온도가 낮아지는 현상은 지표면에서 고도 약 10~15 km 까지만 나타납니다. 지표면에서 고도 10~15 km까지를 대류권이라고 합니다. 대류권에서는 높은 지역의 차가운 공기는 무거워서 아래로 내려오고 낮은 지역의 따뜻한 공기는 가벼워서 위로 올라갑니다. 위로 높이 올라간 공기는 수증기가 응결되어 구름, 비, 눈 등의 기상 현상을 일으킵니다. 대류권보다 더 높은 곳은 성층권, 중간권, 열권으로 구분됩니다. 이중 성층권은 오존층이 자외선을 흡수하고 열권은 태양 복사 에너지를 흡수하므로 높이 올라갈수록 온도가 높아집니다.

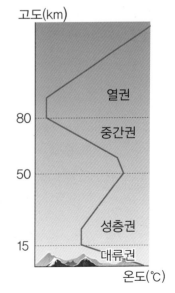

고도(km)

열권

80

중간권

50

성층권

15

대류권

온도(℃)

힌트를 얻었으면 앞 페이지로 가서 다시 도전!

Mission 07

봄철 동해안에 산불이 잦은 이유

2019년 4월 4일, 고성군 토성면 원암리 인근 주유소 앞 도로변 전신주 개폐기에서 발화가 시작되어 대형 산불이 발생했습니다. 이 산불로 인해 1명이 숨지고 10명이 다쳤으며 530 ha(헥타르)[※]의 산림과 총 916곳의 주택과 시설물이 전소[※]되는 피해를 보았습니다. 지난 1996년 4월 23일 고성, 2000년 4월 7일 고성~강릉, 2005년 4월 4일 양양에서도 큰 화재가 일어났습니다.

▲ 2019년 고성 산불

※ ha(헥타르) 넓이를 나타내는 단위로, 1 ha는 1만 m²이다.
※ 전소 모두 다 없어짐

정답
134쪽

우리나라에서 봄철 동해안에서 산불이 일어나면 대형 산불로 이어지는 이유는 무엇일까요?

① 봄철에 등산객이 많아지기 때문이다.

② 태백산맥을 넘어 서쪽에서 동쪽으로 건조한 바람이 강하게 불기 때문이다.

③ 겨울 동안 쌓였던 눈이 녹고 비가 잘 오지 않기 때문이다.

산불을 크게 만드는 것이
무엇일지 생각해 보세요.

답을 고르기 어렵다면 다음 페이지의 **힌트를 참고하여 다시 도전!**

봄이 되면 습도가 낮고 산에 낙엽이 많기 때문에 산불이 자주 발생합니다. 특히 봄에 동해안에서 대형 산불이 자주 발생합니다.

봄철에 북쪽에 저기압, 남쪽에 고기압이 자리 잡으면 남서풍이 붑니다. 차가운 공기(남서풍)가 높은 태백산맥을 넘을 때 따뜻한 공기와 태백산맥 사이의 좁은 공간을 지나면서 압력이 높아져 풍속이 빨라집니다. 또한, 높은 태백산맥을 넘으면서 기온이 상승하고 매우 건조해집니다.

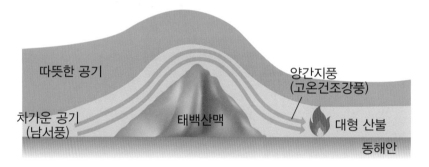

동쪽 태백산맥 경사면을 타고 동해안의 양양과 고성군 간성읍 사이로 아주 강하게 부는 이 바람을 양간지풍, 양양 지방에서는 불을 몰고 온다고 하여 화풍이라고 합니다. 태백산맥을 기준으로 서쪽에 고기압과 동쪽에 저기압이 위치하면 양간지풍은 더욱 강해집니다. 양간지풍의 순간 최고 풍속은 초속 20~30 m로 태풍 같은 강풍입니다. 양간지풍은 고온 건조한 강한 바람이므로 동해안 지방을 고온 건조하게 만들고 대형 산불의 원인이 됩니다.

4월에 발생한 산불 중 특히 강원도 동해안 지방은 양간지풍 때문에 산불이 커져 피해 면적이 넓어지고, 산에서 발생한 산불이 사람이 많이 사는 해안가 낮은 쪽으로 빠르게 퍼집니다. 또한, 동해안은 불에 잘 타는 소나무가 많은 산이어서 한 번 산불이 발생하면 대형 산불로 이어지기 쉽습니다.

1996년 고성 산불, 2000년 고성~강릉 동해안 산불, 2005년 양양 산불, 2019년 고성 산불, 모두 강하게 부는 양간지풍이 산불을 크게 해 피해가 컸습니다.

동해안 지역의 주요 대형 산불

발생일	지역	소실 규모
1996년 4월 23일	고성군 죽왕면 구성리	산림 3,762 ha
2000년 4월 7~15일	고성군 · 동해시 · 삼척시 · 경북 울진군 일대	산림 2만 3,448 ha
2004년 3월 10일, 16일	속초시 청대산 · 강릉시 옥계면 산계리	산림 610 ha
2005년 4월 4~6일	양양군 강현면 전진리	낙산사, 산림 973 ha
2017년 5월 6~7일	강릉시 성산면 관음리 · 삼척시 도계리 점리	산림 1,017 ha, 주택 46채
2018년 2월 11~13일 3월 28일	삼척시 노곡 · 도계읍 황조리 고성군 간성읍 탑동리	산림 238 ha 산림 359 ha, 건물 16채
2019년 1월 1일 4월 4일	양양군 서면 송전리 속초 · 고성 산불	산림 20 ha 산림 530 ha, 주택 및 시설 916채

힌트를 얻었으면 앞 페이지로 가서 다시 도전!

밤이 되면 빛이 나는 바다

밤이 되면 바다에 별이 빠진 듯 푸른색으로 빛이 납니다. 손으로 물을 휘젓거나 돌을 던지면 반짝이고, 바람이 불거나 파도가 치면 더 푸르고 영롱한 빛으로 너울댑니다.

정답
134쪽

파도가 칠 때마다 바닷물이 푸르게 반짝이는 이유는 무엇일까요?

① 별빛이 파도에 반사되어 비치기 때문이다.

② 물속에 빛을 내는 생물이 살고 있기 때문이다.

③ 이 지역에 유출된 기름이 빛을 반사하기 때문이다.

 바닷물이 푸르게 반짝일 수 있는
경우를 생각해보세요.

답을 고르기 어렵다면 다음 페이지의 **힌트를 참고하여 다시 도전!**

밤바다를 푸른 빛으로 바꾼 것은 야광충이라고 불리는 작은 생물 때문입니다. 야광충은 주로 바닷물의 흐름이 약하고 수심이 얕은 곳에서 삽니다. 몸 크기는 지름 1~2 mm로 눈으로 볼 수 있는 크기입니다. 몸은 투명하고 몸 밖으로 나와 있는 촉수를 천천히 움직여 헤엄쳐 다닙니다.

▲ 야광충

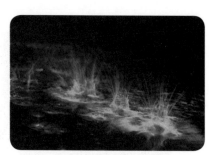

▲ 돌을 던져 자극을 주었을 때

바다가 잔잔할 때는 괜찮지만, 파도가 칠 때처럼 자극이 생기면 야광충이 빛을 냅니다. 바람이 많이 불거나 파도가 세지면 더 많은 빛을 내므로 더 반짝입니다. 야광충 몸 안에는 루시페린이라는 물질이 있는데 물리적인 자극을 받으면 산소와 결합하여 빛을 냅니다. 이 빛은 백열전구와 달리 열이 나지 않는 차가운 빛입니다. 반딧불이가 빛을 내는 원리도 이와 같습니다.

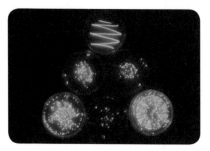

▲ 야광충이 빛을 내는 모습

▲ 반딧불이가 빛을 내는 모습

야광충이 빛을 내는 이유는 동족을 보호하기 위해서입니다. 오징어는 새우를 먹고, 새우는 야광충을 먹습니다. 새우가 야광충을 먹으면 야광충은 새우 배속에서도 계속 빛을 냅니다. 새우는 몸이 투명하므로 야광충을 먹은 새우는 반짝거려 오징어에게 잡아먹힐 확률이 높아지므로 더는 야광충을 먹지 않습니다. 야광충 자신은 죽지만 빛을 내어 새우에게 복수하며 동족을 살립니다.

야광충은 세계 어느 바다에서나 볼 수 있습니다. 우리나라에서도 남해와 서해에서 볼 수 있습니다. 야광충은 독성이 없고 양식장에 피해를 주지 않습니다. 하지만 초여름부터 한여름에 이르기까지 바람이 없는 바다에서 수온이 올라가면 대규모로 번식하여 적조 현상의 원인이 될 수 있으니 주의해야 합니다.

▲ 적조 현상을 일으키는 야광충

힌트를 얻었으면 앞 페이지로 가서 다시 도전!

Mission
09

여러 가지 열매 중 과일은?

식물의 꽃에서 꽃가루받이와 수정이 일어나면 꽃이 시들고 꽃이 있던 자리에 작은 열매가 생깁니다. 열매는 암술의 씨방 및 주변이 자란 것으로, 안에 씨가 들어 있습니다. 열매는 씨를 보호하고 많은 영양분을 저장하고 있어 다른 동식물의 먹이가 되기도 합니다. 과일은 사람들이 먹는 열매입니다. 과일은 과육과 과즙이 풍부하고 단맛이 많으며 향기가 좋습니다.

▲ 사과의 성장 과정

정답 134쪽

다음 식물의 열매 중 과일은 모두 몇 개일까요?

▲ 산딸기

▲ 복숭아

▲ 멜론

▲ 밤

▲ 토마토

▲ 오이

과일의 정의를 생각해 보세요.

답을 고르기 어렵다면 다음 페이지의 **힌트를 참고하여 다시 도전!** »

과일은 주로 나무에서 얻는 식물의 열매로 과육과 과즙이 많고 향기가 진하며 단맛이 있습니다. 채소는 밭에서 기르는 농작물로 먹을 수 있는 잎, 줄기, 뿌리, 열매입니다.

전 세계적으로 널리 사용되는 분류 기준으로는 과일은 나무에서 열리거나 여러해살이 식물의 열매이고, 채소는 풀(줄기, 덩굴)에서 열리거나 한해살이 식물의 열매입니다. 여러해살이 식물은 한 번 열매를 맺고 겨울에 죽지 않고 다음 해에도 열매를 맺습니다. 그러나 한해살이 식물은 한 번 열매를 맺고 겨울에 죽으므로 해마다 심어줘야 합니다. 이 기준에 의하면 사과, 배, 포도, 자두, 복숭아, 밤, 산딸기, 호두, 아몬드 등은 여러해살이인 나무에서 열리므로 과일이고, 토마토, 참외, 수박, 멜론, 하우스 딸기, 오이, 고추는 한해살이인 풀에서 열리므로 열매채소입니다.

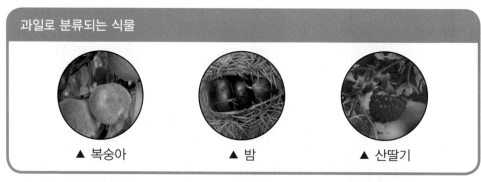

과일로 분류되는 식물

▲ 복숭아   ▲ 밤   ▲ 산딸기

열매채소로 분류되는 식물

▲ 토마토   ▲ 멜론   ▲ 오이

그러나 이와 같은 과일과 채소의 분류 방법으로는 바나나와 파인애플을 분류할 수 없습니다. 바나나와 파인애플은 여러해살이 식물이지만, 풀에서 열리기 때문입니다.

▲ 바나나

▲ 파인애플

이 때문에 식물학자들은 과일의 분류 체계를 다시 세웠습니다. '꽃이 열린 후 맺어지는 씨를 포함한 열매'를 과일로 정의했습니다. 최근에는 과채류라는 새로운 분류를 만들어 과일과 채소의 구분을 없애려고 하고 있습니다. 최근 분류에 의하면 참외, 수박, 딸기 등 열매채소(과일처럼 먹는 채소)는 넓은 의미에서 과일로 분류하기도 합니다.

과일과 채소는 학문적인 구분이 아닌 사람들이 편의를 위해 구분하는 방법으로, 세계 공통적인 법칙은 없습니다. 같은 종류의 열매라도 나라마다 채소로 보기도 하고 과일로 보기도 합니다.

힌트를 얻었으면 앞 페이지로 가서 다시 도전!

대추 방울토마토에서 얻은 씨앗을 심었더니?

종묘상에서 대추 방울토마토 씨앗을 사서 텃밭에 심고 정성껏 길렀습니다. 싹이 나고 꽃이 피더니 꽃이 있던 자리에 길쭉한 대추 방울토마토가 주렁주렁 열렸습니다. 일반 방울토마토보다 껍질이 두꺼워 씹는 맛이 좋고 달콤했습니다. 수확한 대추 방울토마토에서 씨앗을 분리해 두었다가 다음 해에 다시 심었습니다. 그런데 작년보다 대추 방울토마토의 크기도 작고 개수도 적었으며 달지도 않았습니다. 심지어 동그란 일반 방울토마토와 섞여서 자랐습니다.

정답
134쪽

대추 방울토마토에서 얻은 씨앗을 심었더니 열매가 작고, 일반 방울토마토와 섞여서 자란 이유는 무엇일까요?

① 두 번째로 재배할 때는 텃밭에 양분이 많이 없었기 때문이다.

② 대추 방울토마토에서 얻은 씨앗은 일반 방울토마토의 특징도 가지고 있기 때문이다.

③ 대추 방울토마토에서 얻은 씨앗은 부모의 좋은 특징을 모두 가지고 있지 않기 때문이다.

 씨앗이 어떻게 만들어지는지 생각해 보세요.

답을 고르기 어렵다면 다음 페이지의 **힌트를 참고하여 다시 도전!**

열매는 맛있으나 크기가 작은 식물 A와 맛은 별로 없지만 크기가 큰 식물 B를 교배하면 맛있고 크기가 큰 열매를 맺는 식물 C를 만들 수 있습니다. 새롭게 만들어진 식물 C의 씨앗을 F1 씨앗이라고 합니다. F1 씨앗은 서로 다른 유전적 특징을 가진 품종을 교배하여 얻은 잡종 1세대입니다. F1 씨앗은 우수한 특징만 나타나도록 만들었으므로 병충해에 강하고 잘 자라며 수확량도 많습니다. 종묘상에서 파는 씨앗은 대부분 F1 씨앗입니다.

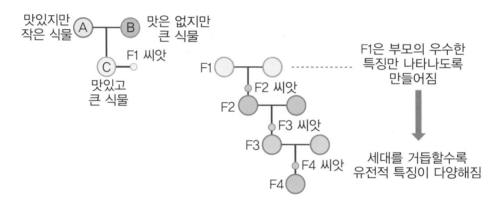

종묘상에서 배추 씨앗(F1 씨앗)을 사서 키워 건강한 배추(F1)를 얻어 김장을 했습니다. 다음 해 F1 배추에서 얻은 F2 씨앗을 심었더니 배추도 아니고 무도 아닌 쭉정이 배추가 자랐습니다. 다음 해에 F2 배추에서 얻은 F3 씨앗을 다시 심었더니 병충해를 입어 거의 수확을 하지 못했습니다. 다음 해에 F3 배추에서 얻은 F4 씨앗을 심었더니 배추도 무도 아닌 이상한 모양으로 자랐습니다.

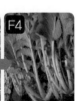

F1 씨앗은 자기 세대에서는 여러 가지 우수한 특징만 나타나지만 이 식물에서 얻은 씨앗을 다시 심으면 후대로 내려갈수록(F2, F3, …) 발아율이 떨어지거나, 우수한 형질이 나타나지 않거나, 열매를 맺지 않거나, 수확량이 떨어지는 경우가 대부분입니다. 서로 다른 유전자를 가진 식물을 교배하여 만든 새로운 종류의 식물은, 세대를 거듭할수록 많은 유전자가 섞여 다양해지므로 우수한 부모의 특징이 후대에 그대로 전달되지 않거나 부모 세대에서 나타나지 않았던 우수하지 않은 특징이 나타나기 때문입니다.

토마토, 오이, 양배추, 배추, 멜론, 가지, 피망, 옥수수 등 대부분 농작물은 사람들이 원하는 우수한 특징의 유전자를 가진 여러 식물을 교배하여 만든 잡종 1세대입니다. 즉, 토종 식물이 아니라 종자 개량으로 만들어진 식물입니다. 잡종 1세대 식물은 병충해 방지를 목적으로 화학약품 처리를 하거나 유전자 조작을 하므로 씨앗을 받기 어렵고 씨앗을 받아 심어도 우수한 특징이 그대로 나타나지 않습니다. 따라서 농부들은 우수한 특징을 가진 작물을 많이 수확하기 위해 해마다 비싼 비용을 들여서 종묘상에서 F1 씨앗을 삽니다. 현재 F1 씨앗은 대부분 외국계 종묘회사에서 수입하고 있으며 라이센스가 있어서 가격이 비쌉니다.

▲ F1 씨앗을 파는 종묘상

▲ F1 씨앗

힌트를 얻었으면 앞 페이지로 가서 다시 도전!

Congratulations!
Escape Success!

지구와 생명

신나는 과학 방탈출

THE END

MEMO